JN260620

森のなんでも研究　―ハンノキ物語・NZ森林紀行―

森のなんでも研究

ハンノキ物語
NZ森林紀行

西口親雄

八坂書房

目次

目次

目　次

2部　NZ森林紀行 ―古い島国の生きものを考える―

まえがき
―サワグルミ物語―

一通の年賀状

森林インストラクターのFさんは、「森の仲間」という連絡紙を発行して、仲間たちと意見交換をしている。そのなかで、Fさんは、「サワグルミものがたり」と題して、つぎのような記事を書いている。

「一九九九年一二月、地元の森林組合に頼んで何年も手を入れていなかった杉林の除伐をした。立ちの悪い杉と共に冬芽をつけた一抱えもある広葉樹が伐り倒されている。空にはぽっかりと穴が空いた。『なんで！　生物多様性の時代に！』　血相を変えて問いただす私に、信頼のおける森の師匠は教えてくれた。『サワグルミはアクの強い樹です。あれがあると、林床に植物が育たない。まわりの杉も生長が悪くなる。自然派の人から見たら許せないかもしれないけれど、敢えて伐りました。光を入れて他の陽樹を侵入させ、できうるならば欅や桂が育ってくることを期待しましょう。』『サワグルミは森や人にとって何か役に立たないのですか。』『杉林には不要です。大きな木だけれど、建築材にも家具にもならない。三月頃にブツに切って菌を打って寝かせておけば秋にはナメコの豊作ですよ。』　何が目的か、そのためには何をしなければならないのか。目指すものによってやるべきことが変わる。森の姿も違ってくる。今年は私のやるべきことを常に考えていきたい。（二〇〇〇年年賀状より）」

サワグルミの存在意味

サワグルミが、杉林にとって迷惑な存在だとは、私も知らなかった。しかし、世のなかに存在意味のないものは存在しない。私は、Ｆさんの文章を読んで、サワグルミの存在意味を考えてみた。

森は木材を生産する。森は水を貯え浄化する。森は洪水を防止する。森は野生生物のすみかになっている。森は人の心を癒《いや》してくれる。森は子供たちの自然学習の場になっている。森は………。

つまり森は、きわめて多面的、きわめて多機能的な存在なのである。だから、森の、どの機能を引き出すべきかで、森の管理の仕方も変わってくる。

森林経営で生計をたてる林業家は、市場価値の高い木づくりに努力する。これは当然のことだ。しかし、木材が売れなくて林業経営はきびしい。これは、世のなかの変化にも原因がある。物を買う時代から、形のないもの—心とか健康とか—を買う時代に変わりつつある。

二十一世紀は環境の時代といわれている。林業も多様化の時代ではないか、と思う。では、多様性林業に、どんな未来があるのだろうか。じつは、私にもよくわからない。ともかく、多様性林業は、森のなかに存在する、あらゆるものについて、その存在意味を問い直すことからはじめなければならない。

上＝サワグルミの葉は日光をよく通す。
下＝渓流ぞいに立つサワグルミ（撮影：髙橋眞）

環境問題のなかで、生物の種の多様性（バイオダイバーシティ）という語が氾濫《はんらん》している。では、森林管理のなかで、生物の種の多様性維持は、どんな意味をもっているのだろうか。いろいろ説明されているが、どれも、こじつけとしか聞こえない。

私はこう考えている。地球の進化は、生物が多種化、多様化する方向に進んできた。これは、地球の意志のように思える。ところが、ヒトが出現して、はじめて、生物の種数は減りはじめた。そして最近は、減少速度が加速してきた。ヒトという生きものは、ほかの生きものを滅ぼす性《さが》をもって生まれてきたようだ。このままだと、地球上から多くの生きものが消え、その結果、ヒトも生きられなくなるだろう。生物の種の多様性維持という命題は、そんな、ヒトという生きものの性に対する自戒として、掲げるべきものではないだろうか。

さて、問題をサワグルミの存在意味にもどそう。ブナの森に入るとき、われわれは、谷すじの小道を歩くことからはじめる。そこでまず、サワグルミの樹林に出会うだろう。心が洗われた気分になる。それは、サワグルミの、のびのびした、さわやかな姿に触発されるからだが、もうひとつは、谷間を流れる、清らかな水のおかげでもある。

ブナの森で貯えられ、浄化された水は、斜面のあちこちで、泉となって湧き出る。ブナの斜面を流れ下る水は、集まって小さな谷を形成する。谷間は、ブナに替わって、サワグルミとトチノキが樹林を構築し、水辺を守っている。林床には、緑あざやかなリョウメンシダが繁茂している。谷間のサワグルミ林は、川がブナの森を出るまでつづいている。

そうだ。サワグルミの森は、ブナの森がつくりだしたきれいな水を、里に送り届けるまで、汚さず守ってくれているのだ。もし、サワグルミが、人間にとって有用樹なら、たちまち伐採されてしまうだろう。それはただちに、川辺の破壊につながる。サワグルミが役に立たない、ということは、サワグルミを伐ってはいけない、ということの自然の意志表示なのだ。もし伐れば、川が汚れてしまうだろうことの、警報でもあるのだ。

サワグルミの値段

サワグルミの価値は、ブナの森で生産された清らかな水を、人が住む里まで、汚さないで送り届けてくれることにある。サワグルミは、ブナの森の谷すじで、優占種《ゆうせんしゅ》として森を支配している。優占種、つまり数が多いからこそ、水を守る力を発揮することができる。もし、数の少ない樹であれば、伐られても、環境にあたえる影響は少ないだろうから、問題点はうやむやになってしまう。

サワグルミの、通直で、のびのびした幹、光をよく透す、さわやかな緑陰。この姿は、自然を求めてやってきた都会人に、

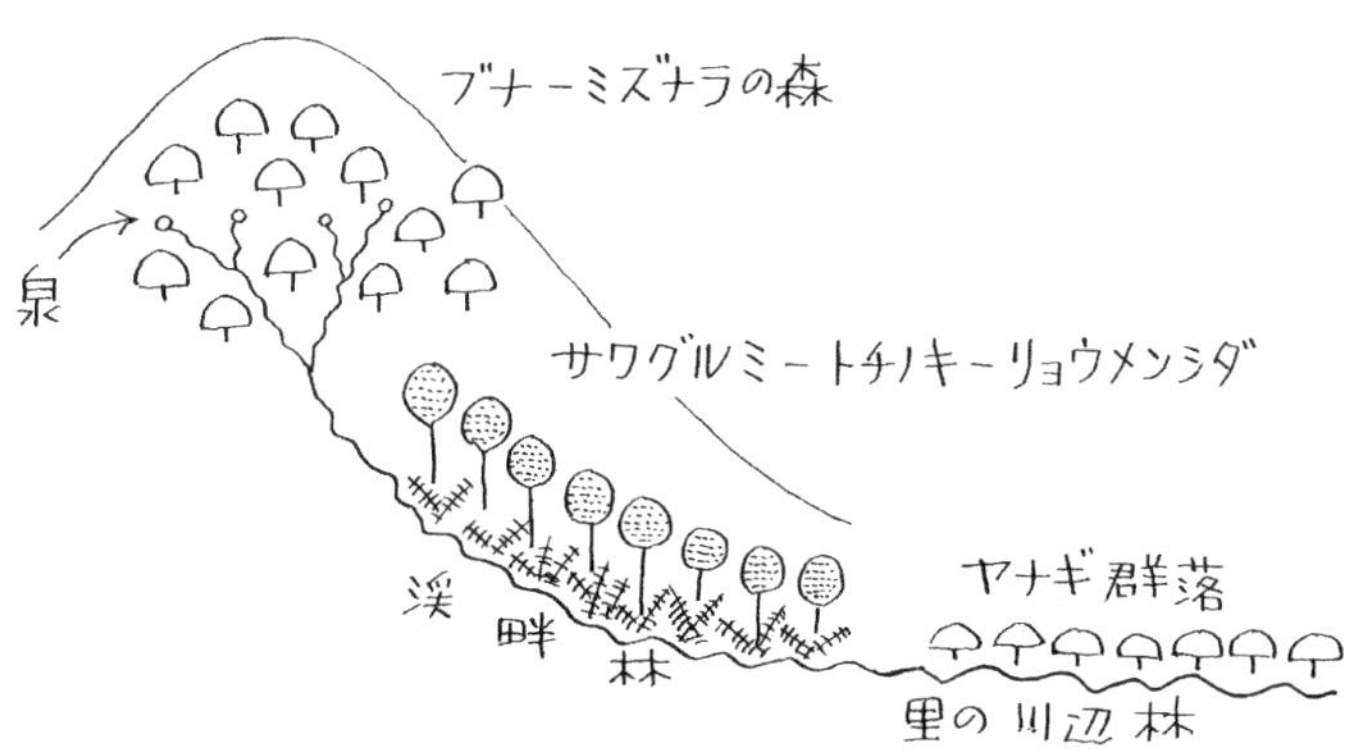

サワグルミは川の見張り番

大きな感動をあたえずにはおかない。これはサワグルミの、目にみえる価値といえるだろう。

しかし、清らかな水を守る、という価値は、一般の人びとの目にはみえにくい。だから専門家に、「サワグルミは役に立たない樹」といわれてしまえば、一般の人びとは、そうか、伐られても仕方ないな、と思わざるを得ない。サワグルミの価値は、林業人が、わかりやすい形で、都会の人に訴え、理解してもらわないと、わからない。林業人が救ってやらないと、救ってくれる人はいない。

では、サワグルミの値段は、金銭にしていくらぐらいになるのだろうか。その計算は簡単である。木材生産をなりわいとする林業家は、サワグルミの生える場所であれば、おそらく、サワグルミを伐ってスギを植えるだろう。だから、サワグルミの値段はスギの値段に換算して評価すればよい。

スギの成木の材積《ざいせき》（材部の容積）はどのぐらいあるのだろうか。最近イギリスで出版されたP・トーマス（P. Thomas）『Trees : Their natural history（樹—その自然史）』によると、ヨーロッパの植林地における、よく成長した針葉樹の材積は約一〜二立方メートルとある。スギも似たようなものであろう。そこで仮に、スギの成木一本の材積を二立方メートルとし、材の単価を一立方メートルあたり二万円とすれば、成木一本の値段は四万円となる。成木は一ヘクタールに八〇〇本立つとして、その林分《りんぶん》価格は三二〇〇万円。スギが成林する年数を四〇年として、一年間の生産価値は八〇万円となる。スギの代わりに、谷すじにそってサワグルミ林が一〇ヘクタールあれば、一年間、八〇〇万円の価値を生産する、という計算になる。

しかし、実際は、スギ植林の場合は、苗木代、植林・保育費、伐採搬出費、など、さまざまな労働と出費が投入される。だから、林家の手どりはずっと少なくなる。一方、サワグルミ林を水源涵養《かんよう》林、あるいは保健休養林として維持するのであれば、労働や出費の投入は、はるかに少なくてすむ。

　前記の価値計算の仕方には、いろいろ問題はあると思うが、ともかく、サワグルミ林は、スギ林とおなじ価値生産をする、という考えに立つことができる。

　では、その代金は、だれが支払うべきか。それは、川の水を利用する人であり、森に来てサワグルミに心身を癒してもらう人であろう。しかし、利用者負担では問題が多い。私は、民間のサワグルミ林であれば、県の治山治水《ちさんちすい》費から補助金として林家に支払うのが、納得されやすいと思う。国有林であば、国の一般会計から林野庁に支払えばよい。

　しかし実際は、サワグルミ林は、そんなに大面積に存在するものではないから、一般の税金から補助金を出したとしても、全予算のなかの、微々たる数字にしかならないだろう。

　サワグルミにかぎらず、木材として利用されない、役に立たない樹種も、森林生態系のなかでは、みんな、なんらかの存在意味をもって生きている。それを、木材にならない、という理由だけで、森から排除されてしまうのは、好ましいことではない。林野庁は、森のなかに存在するすべての樹種について、その存在意味を考え、森に残しておくことの意味を考え、それを林家が伐らないですむような林業補助金制度を確立させるべきではないか、と思う。

　多様性林業については、森林に関心のある国民は、みんな支持する心情を抱いている。だから、サワグルミ林の維持が、林家の犠牲のうえになり立つものであれば、国民も納得するはずはない。造林補助金が、植林活動に大きな貢献をしてきたように、これからは、伐らない林業（不伐の森づくりなど）にも、うまく補助金を出してほしい、と思う。

補助金を出す以上、サワグルミ林の管理者は、きれいな水を守る林として、そして、ブナの森に遊びにくる人に感動をあたえる森として、見た目にも美しく手入れする必要がある。また、看板をたて、山にくる人に、その価値をPRすることも、案外、重要な仕事となる。税金という形で、都会のエネルギーが山林にも投入されていることを、みなさんに知ってもらう必要がある。

いま、林業の発展にもっとも大事なことは、都会人の心をつかむことである。都会のエネルギーを山に投入してもらうことである。そのためには、林野庁も、林業家自身も、都会人にむけて、わかりやすい言葉で発信する必要がある。

かつて、水源林育成のための水源税という構想があったが、それは国会を通過しなかったと聞いている。水源地帯に植えたスギ林を手入れして、水源涵養機能を高めるため、という説明では、国民は納得しないだろう。なぜなら、スギの植林は、儲《もう》けになるという予想のもとに植えたものであって、その予想がはずれたのは、山林経営者の失敗であり、その失敗のつけは、自分で処理するのが当然のことだからだ。

また、水源林が広葉樹の自然林であれば、木材価格の高い樹もいろいろ存在するから、水源涵養機能を維持しつつ、木材生産することも可能となる。その価値をうまく引き出すよう、山林を育成するのが、林業家の腕のみせどころだろう。

サワグルミは渓流魚を養う

サワグルミは、林業的には評価されていないらしい。しかし、サワグルミは、ブナの森で生産された清らかな水を、人が住む里まで、汚さないで送り届けてくれる、という働きをしている。その価値は、木材生産に劣らないものだと思う。

さらに、ブナの森の渓流には、サケ科の魚、イワナとヤマメ（西日本ではアマゴ）が生息している。それは、都会に住む釣りマニアをひきつけてやまない。釣り人は、イワナやヤマメと格闘しながら、ブナの森の精気に身も心も洗われていく。この価値は、どのぐらいに評価されるべきだろうか。

渓流魚ヤマメ

渓流の水面は、渓畔に生育する木々―サワグルミ、トチノキなど―の樹冠によっておおわれている。太陽の光は遮断され、木もれ日がさすていどに、川の表面は暗くなる。北海道の渓畔林では、夏のあいだ、日射量の八五パーセントはカットされ、水面に直接到達できるエネルギー量は一五パーセントていどである、という。

この日射遮断によって、川の水がもっとも少なくなる夏でも、山地上流域の渓流の水温は低く保たれ、イワナやヤマメの好適環境を維持することができる（中村「渓流と森林」、日本林業技術協会『里山を考える101のヒント』より）。サワグルミは、イワナやヤマメの生活を支えている大切な存在であることがわかる。

サワグルミがイワナやヤマメを支えているのは、水をきれいにし、低温に保っているから、だけではない。サワグルミの葉上には、多くの蛾《が》の幼虫が生活している。その蛾の幼虫が川に落ちれば、それはイワナやヤマメの餌となる。サワグルミが渓流ぞいに立っているからこそ、葉につく蛾の幼虫も、魚の餌となりうる。

宮田　彬『蛾類生態便覧』によると、サワグルミの葉には、ホソガ科三種、キバガ科二種、トガリバ科一種、シャクガ科七種、スズメガ科一種、シャチホコガ科三種、ヤガ科二種、合計一九種の蛾類が記録されている。

サワグルミは、これらの蛾の幼虫の餌となることで、イワヤやヤマメを養っている、といえる。サワグルミの価値は、そんな働きも加算されなければならない。その値段は、いったい、どのくらいになるのだろうか。

キモンカミキリ

サワグルミの樹だけに生活しているカミキリムシがいる。名をキモンカミキリという。黒地の鞘羽《さやばね》に四対の黄色の紋がある。大きさは六〜一〇ミリの、小型のカミキリだが、なかなか魅力的な姿をしている。北海道から九州まで、サワグルミの森にすむ。

このように、カミキリムシのなかには、特定の樹種とつよいむすびつきをもって生活している種類が少なくない。羽化《うか》した新成虫は、産卵のまえに、特定の樹種の、生きた葉や樹皮をかじるのである。

カミキリムシは、幼虫時代は、蛋白質の少ない、枯れた材部を食べて成長する。だから、成虫になって

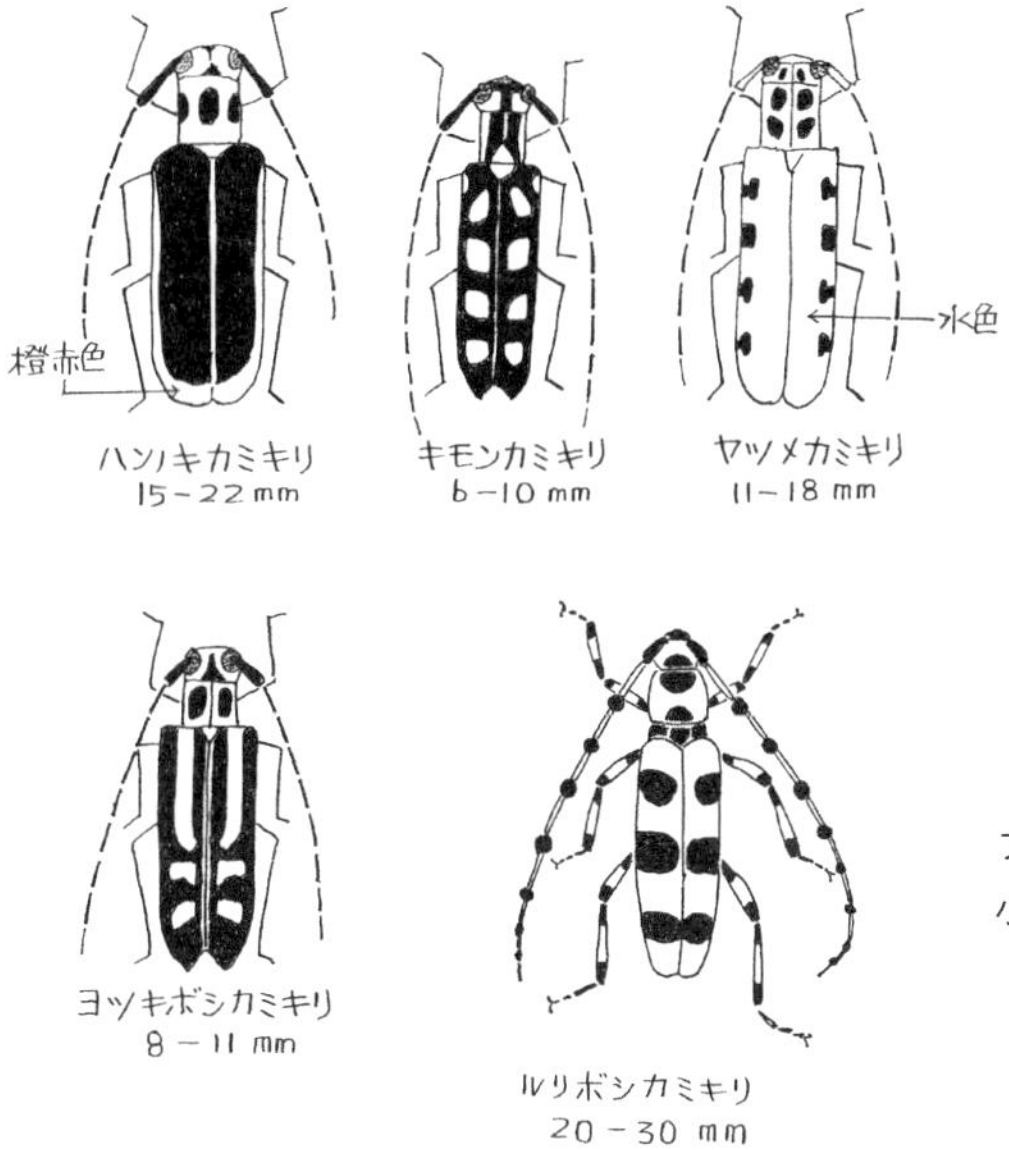

ブナの森の宝石、
小さなカミキリたち

も、体に栄養が十分に蓄積されていないらしい。そこで、新成虫は、卵形成のために必要な栄養（蛋白源）を、生きた木の葉や軟らかい樹皮からとるのである。そのとき、成虫はかじる木の種類をきめている。生木なら、なんでもよさそうに思うが、そうならないところに、生きものの世界のおもしろさがある。

ブナの森には、このような、特定の樹種とむすびついて生活している一群のカミキリが存在する。たとえば、キモンカミキリ（以下カミキリを省略）はサワグルミを、オニグルミキモンはオニグルミを、フチグロヤツボシはホオノキを、ニセヤツボシはハルニレを、ヒゲナガシラホシはオヒョウニレを、ハンノアオはシナノキやオヒョウニレを、シナカミキリはシナノキを、ジュウニキボシはハリギリを、ヤツメはエゾヤマザクラを、そしてハンノキカミキリはハンノキやヤマハンノキを、という具合である。いずれも、比較的小型のカミキリではあるが、美しい姿をしているものが多い。ブナの森の宝石である。

ルリボシカミキリ

カミキリムシは、生態系のなかでは、分解者の位置にある。幼虫が枯れ木に穿入《せんにゅう》し、材を餌として食べる。材は粉ごなに粉砕されて、土になる。カミキリムシの幼虫は、一般に、枯れ木であれば、ブナでもミズナラでもサワグルミでも食入してしまう。カミキリムシの幼虫は本来、樹種をえらばず、枯れ木であればなんでも食べてしまう広食性の昆虫なのである。

しかし枯れ木でも、好みの樹種があるらしい。たとえば、美しいルリボシカミキリは、好んでブナの枯れ木に現われるが、そのほかに、サワグルミ、カバノキ科、ニレ科などの枯れ木にも寄生するらしい。

小島圭三・林　匡夫『原色日本昆虫図鑑Iカミキリ編』は、カミキリムシの種ごとに、その寄生樹種（幼虫の餌樹）をたんねんに記載してあって感心してしまう。それによると、サワグルミの枯れ木に寄生するカミキリは、ウスバカミキリ、ホソカミキリ、ルリボシカミキリ、キモンカミキリ、シラホシカミキリなど、三四種が記載されている。

成虫あるいは幼虫が、サワグルミに依存して生活しているカミキリムシも、少なくないことがわかる。このように考えてくると、サワグルミは、木材としての価値は低いけれど、渓流のきれいな水質を維持し、イワナやヤマメを養い、キモンカミキリやルリボシカミキリなど、森の宝石を生産する。この価値は高く評価されるべきであろう。

1部　ハンノキ物語

ハンノキ林の魅力をさぐる

ハンノキのシルエット

宮城県北西部の大崎平野は、かつてはササニシキの、そして現在はヒトメボレの本場である。五月の連休が終わるころ、いっせいに田圃《たんぼ》に水がはいる。近くの丘に登ってみれば、鏡の板を敷きつめたように、モザイク状に白く輝く水田をみることができる。

この穀倉地帯をJR陸羽東線がとおっている。まだ木々が芽吹いてこない早春のある日、車窓から田園風景をぼんやり眺めていた。沿線の農家をとり囲む裸木の群象が視野にはいり、視野から消えていく。

幹も枝も、ぎくしゃく屈曲している。水平にのびる枝は長短があって、樹冠の輪郭も不規則に凹凸している。枝先には黒っぽい粒々が一面についていて、樹影は淡彩の墨絵のように、目にうつる。ケヤキのようには洗練されておらず、どことなく、やぼったい姿をしている。それが、かえって田園風景を暖かくしている。ハンノキだった。

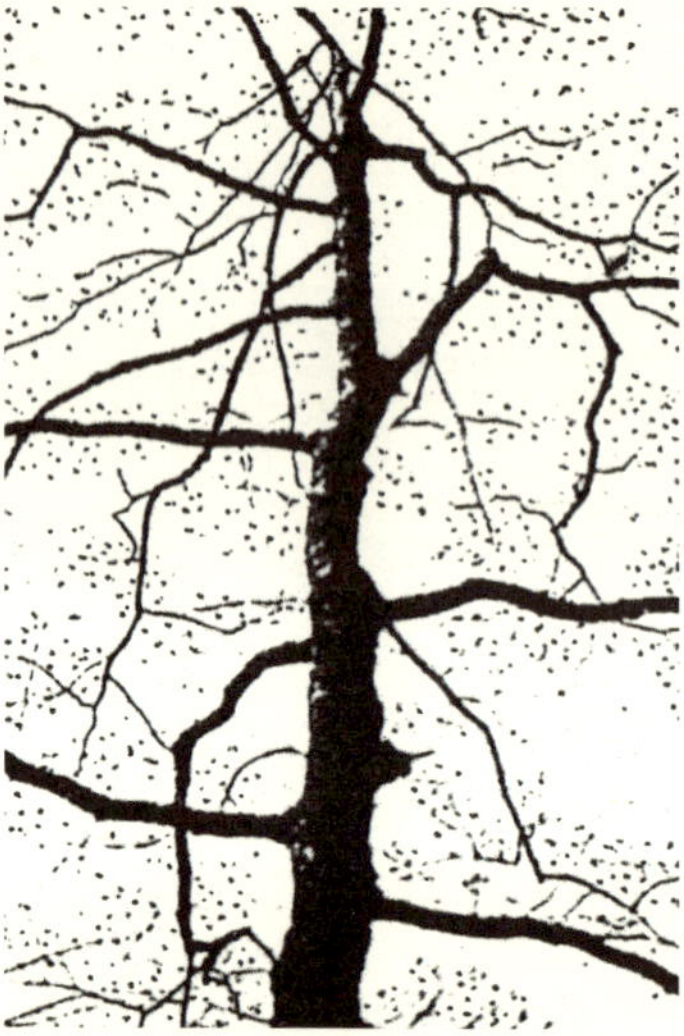

ハンノキの裸木　古い球
果で黒ずんでみえる

大崎平野は、人間がくるまえは、ハンノキの湿地林が広がっていたのだろう。その地が開拓されて、水田に変貌した。大崎平野の農民は、湿地のハンノキを自分の庭に植えて、鎮魂の碑としたのではないか、と思う。

よく注意してみると、関東平野でも、小川のふちにハンノキの小さな樹林をみつけることができる。利根川は、かつてはひどい暴れ川で、いたるところに遊水池があった。そんな池のまわりには、ハンノキの樹林が茂っていたことだろう。

ヨーロッパには、アルヌス・グルチノーサ（Alnus glutinosa）という名のハンノキが自生している。湿地帯に生える樹である。ある英語の樹木図鑑を読んでいたら、つぎのようなことが書いてあった。

「ハンノキは、冬、かれ自身の時間をもつ。ハンノキは、小川のふちで暗褐色のシルエットを描く。シルエットは小川のふちにそって一列にならんでいる。」

ヨーロッパ人の樹をみる感覚が、日本人のそれと異ならないことを知った。その本には、また、つぎのように、ハンノキの重要性を強調していた。

「ハンノキは、湿地帯で樹林を形成する重要な樹である。ハンノキは、いちじるしく湿った土地でも、生きる術をもっている。二次根を形成するのだ。その根の形は、ある種の熱帯樹木にみられる支《し》柱《ちゅう》根《こん》のようである」と。

その一方で、ハンノキは世間から無視されているらしい。

その本には、つぎのような記述もある。

「ハンノキの材はもろくて、腐りやすく、商業的な価値はない。役立たずの木である。ただ、水中で使えば、材は硬くなって、オークとおなじように利用できる。ハンノキはかわいそうな樹である。かつて木靴がファッションの中心であったころ、ハンノキはおおいにもてはやされたものだが、いまは、だれからも見むきもされない。ベニスの町の半分が、ハンノキの杭《くい》で支えられていることを、だれも知らない。」

日本の近代化は、治水事業からはじまった。強力な堤防がきずかれ、川の水は、山から海まで、直線的に流れ去るようになった。かつての低湿帯は、排水され、客土され、耕されて田圃になった。その近代化のなかで、ハンノキはふるさとを失っていった。

ハンノキがいま、もっとものびのびと生活している場所は、北海道の根釧《こんせん》原野である。いたるところに湿原があって、ハンノキの天国になっている。北海道では、ヤチハンノキと呼

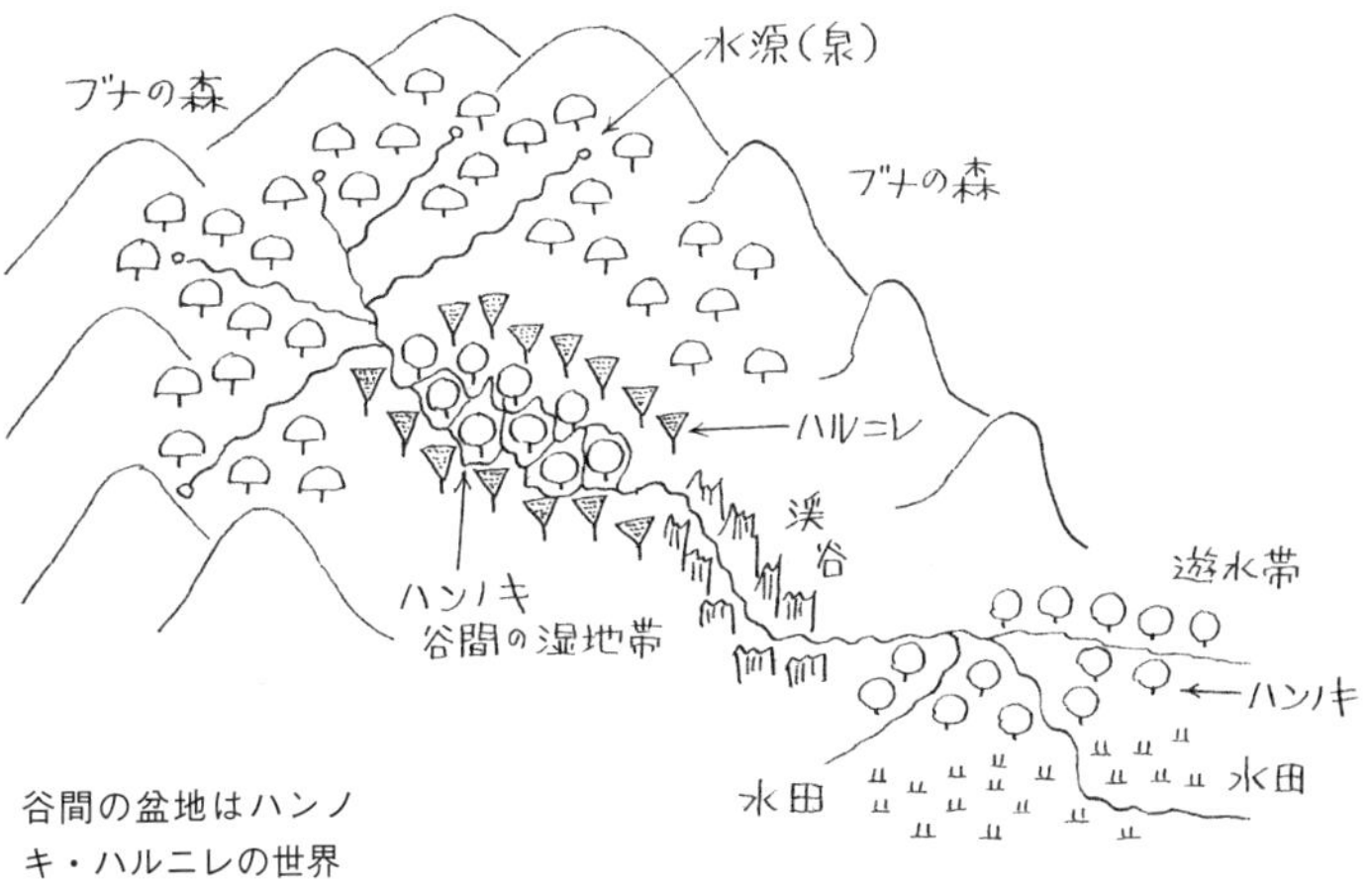

谷間の盆地はハンノキ・ハルニレの世界

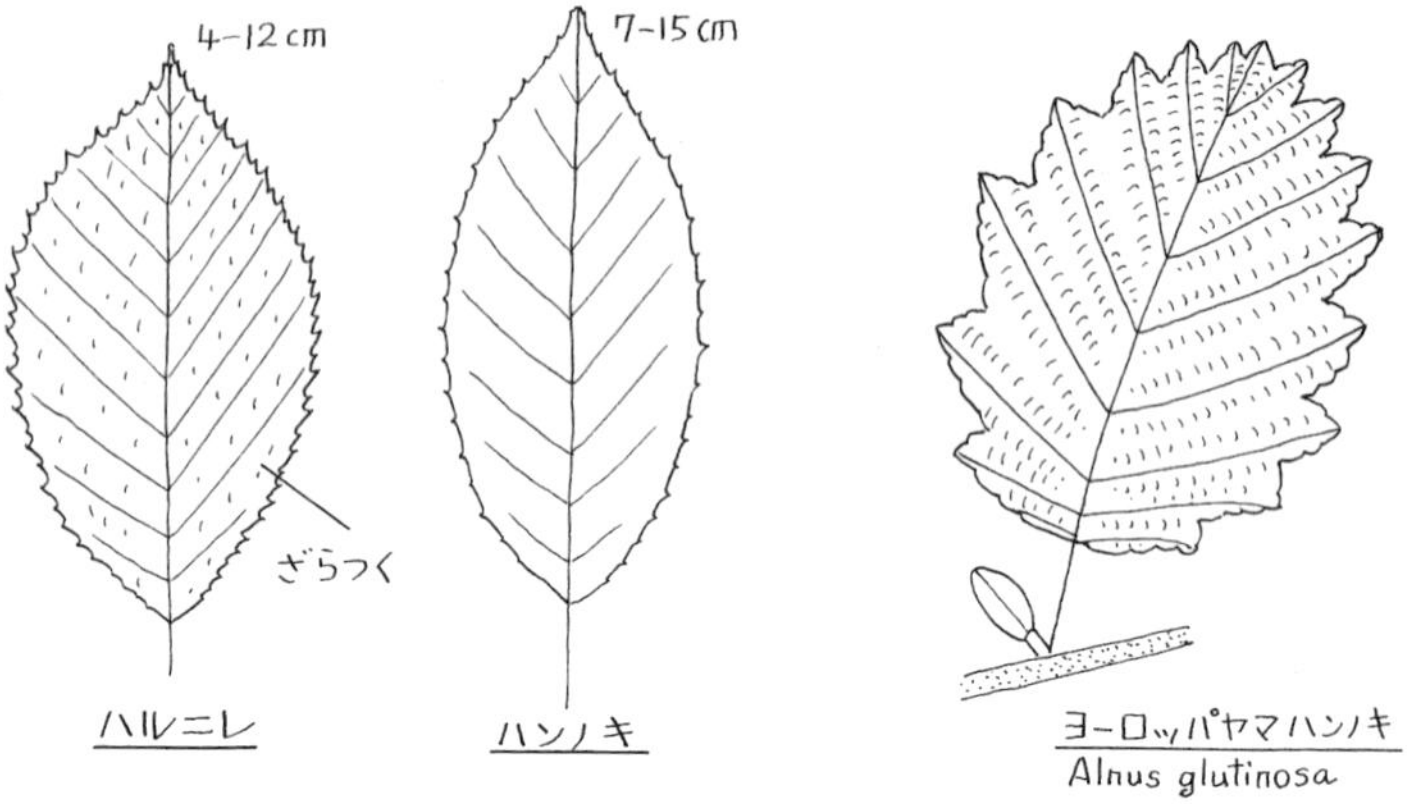

ばれている。

　もう二〇年もむかしになるが、ハンノキの湿地林で、のんびり餌をついばんでいる二羽のタンチョウヅルをみた。ハンノキの湿地林がタンチョウヅルの生活を守っている。その光景に感動したことを、いまでもおぼえている。

魅惑の森へ

　ブナの森の急な斜面を下ると、小さな沢にでた。清冽な水のなかを魚影が走る。イワナだ。このあたり、秋には、イワナの産卵場所となる。小川にそって、けもの道を下る。道はやがて、谷間の平坦地にはいった。森のなかを小川がゆったりと蛇行している。小川ぞいの湿地帯はハンノキの領地であり、一段高台の、川が氾濫《はんらん》しても水が浸からない場所は、ハルニレの領地である。このあたり、春はキクザキイチリンソウやユリワサビの、そして夏はヤマトリカブトのお花畑となる。

　この森は、野鳥の天国でもある。まだ雪の残っている早春、スキーをはいて、この森を歩いてみた。ゴジュウカラの、フィフィフィ…………、という連続音がひびいてくる。三月も下旬になると、気の早い野鳥たちの繁殖活動がはじまる。ゴジュウカラは、キツツキの古い巣孔を念入りに点検している。産卵場所に利用できるかどうか、しらべているのだ。この鳥は、ブナやトチノキやカツラの、大木の多い、沢すじの森が好きだ。

コガラはハンノキの湿地林が好きだ。シジュウカラの仲間だが、この鳥は、ハンノキの枯れ木に、みずから巣穴をほる。早春のハンノキ林を歩くと、コガラの甘くて、のびやかな囀《さえず》りが聞ける。それは、ハンノキ林に生きるよろこびを歌っているようだ。

五月になると、夏鳥がやってきて、森はいっそう賑やかになる。一番乗りのセンダイムシクイはクマイザサの根方に、遅れてやってきたノジコは、イヌガヤやコマユミの低木層で巣づくりにかかる。

よくとおる声で、おもしろおかしく囀っているのはクロツグミだ。クロツグミは、もともと高原の鳥だが、この湿地林に高原的な雰囲気を感じているのだろうか。

ハンノキ林のなかを小川が蛇行する

ここは、宮城県鳴子町鬼首《おにこうべ》にある東北大学農場田代地区の山林である。ハンノキは、薪《たきぎ》にもならず、炭にもならず、建築用材にも家具材にもならない。人間には役に立たない、ダメな木である。だから、民間の山であれば、持ち主さんは、ハンノキを伐ってスギ林に変えてしまう。

大学は、このハンノキ・ハルニレ林を含む一流域一六八ヘクタールを、学術参考林として禁伐《きんばつ》にしている。一切人手を加えず、風倒木《ふうとうぼく》もそのままにしてある。私は、定年で退官したのちも、多くの人を、この道もない、自然の森へ案内してきた。相手は、おもに都会に住んでいる人たちである。年配の男性もいれば、若いご婦人もいる。ときには、小学生をつれていくこともある。そして、この森に接した人は、一様に、大きな感動をうけるらしい。この、人間にとってなんの役にも立たない森の、なにが、都会住まいの、ふつうの人の心を打つのだろうか。

私は一四年間、東北大学演習林（現在は廃止され、山は農場の一部となる）に勤務した。山林の管理と研究・教育が私の仕事だった。そして、田代川ぞいのハンノキ林とその周辺

の森が、私の主たる研究の場となった。

私は、研究室の仲間たちと、田代川の森にかよった。樹木と野草、野鳥と哺乳動物、病原菌やキノコなど、なんでもかんでも、調査の対象になった。じつは私の「森のなんでも研究」は、この森からはじまったのである。専門の昆虫研究はあとまわしになったが、退官した現在は、最後の仕上げとして昆虫に集中している。

それらの成果は、断片的には、学会誌や農場報告に発表してある。しかし、断片報告だけでは、私の意図する「ハンノキ林研究」は終わらない。私はいま、個々のデータを総括しているが、それは、「ハンノキ林の存在意味」を考えるための総括であり、ハンノキ林の魅力の泉が、「多くの、ふつうの都会人に感動を与える、ハンノキ林の魅力の泉が、どこから湧き出てくるのか」という問題にアプローチするための総括なのである。

そして、その作業過程を一冊の本に描きあげ、一般の人びとに提示することが、私の「ハンノキ林研究」の最終目標である。専門家は、個々の専門分野の報告しか評価できない。このような、総括的な仕事を正しく評価してくれるのは、む

ハンノキ・ハルニレの森は、雑然としているが、なんでもあって、魅力に満ちている

しろ、森林に関心をもつアマチュアだと思う。だから、一般の読者が、どのように評価してくれるかが、私にとっては最大の関心事なのである。そんな気持ちで、この本『ハンノキ物語』の原稿を書いている。

田代地区の位置・気象・森林植生

田代地区は、東北大学演習林の北西端に位置する。場所は、宮城県鳴子町鬼首地区にはいる。鳴子町は、年平均気温一〇・七度C、年間雨量は約二〇〇〇ミリである（東北大学農場での観測による）。しかし鬼首地区は、山形県と秋田県との県境に近く、気温はより寒冷で、豪雪地帯にはいる。気候的には日本海側の様相をおびる。

演習林の山頂部は、標高約六〇〇メートル、ゆるやかに起伏する山波で、栗駒山塊の西南端に位置する。山頂部から北西斜面を下ると、田代川の支流・イワナ沢に出る。イワナ沢を下っていくと、田代川に合流する。このあたり、谷間の平坦地となり、湿地林が広がっている。標高は約五〇〇メートルの地域である。田代川ぞいの森林植生の概況は、左記のとおり（詳しくは後節参照）。

①川ぞいの平坦地は、ハンノキ・ハルニレの林で、面積は約三五ヘクタール、樹高一五〜二五メートルの、比較的疎な林分《りんぶん》で、ヤチダモ、サワグルミ、トチノキ、カツラなどの大径木を混生し、中木層にはウワミズザクラ、サワシバなど、低木層にはオオカメノキ、サワフタギ、ミヤマイボタ、コマユミ、ツリバナ、カンボクなど、液果《えきか》を生産する樹が多い。このあたり、ツキノワグマの生息中心地になっている。

②山の傾斜地は、ブナ・ミズナラを主木とするブナの森となる。しかし、林分の多くは、かつて炭焼きのために伐採され、現在は、ブナ・ミズナラの二次林かコナラの二次林になっている。

（注）二次林とは、原生林を伐採した跡に、自然に生じた林。

野鳥の観察ノートから

田代川ぞいの森の、野鳥の生息状況を把握するため、一九七八、七九年の二年間、自由観察による調査を行なった。そのときの観察ノートから、要点のみを記録すれば、つぎのようになる。

①周年生息し、繁殖している鳥：シジュウカラ、コガラ、ゴジュウカラ、コゲラ、アカゲラ、オオアカゲラ、アオゲラ、ヤマドリなど。

②初夏に渡ってくる夏鳥：田代地区の落葉広葉樹林では、一般的にはキビタキ、センダイムシクイが多く、尾根すじではコルリが、沢すじではクロツグミ、トラツグミ、オオルリ、ヤブサメなどが繁殖する。なかでも、ハンノキ湿地林ではノジコがかなりの数で繁殖しており、注目される。

③秋季に渡ってくる冬鳥：ツグミ、シロハラ、アトリ、マヒワの通過がみられる。

早春のハンノキ林　枯れ木をたたくキツツキの音がひびく

そのほか、興味ある観察記録を拾ってみると、つぎのようなものがある。

④ビンズイ：小数繁殖。

⑤サンショウクイ：四月下旬に渡来し、ハンノキ・ハルニレ林に多い。

⑥キレンジャク：三月下旬、一〇〇羽ほどの群れを見る。ブナの大木には、ヤドリギがよく着生している。その実がお目あてらしい。

⑦クロツグミ：六月下旬、巣立ちした幼鳥をともなった家族群をしばしば観察。

⑧アカハラ：五月上旬渡来、小数繁殖。

⑨シロハラ：十月中旬から下旬に、二〇〇羽ほどの群れを観察。渡りの途中。

⑩キビタキ：遅い個体は十月下旬まで滞在、ミヤマイボタやコマユミの実を食べている。
⑪アオジ：ハンノキ林で、ノジコに混ざって少数繁殖。
⑫ウソ：冬、田代の湿地林に降りてくる。二～三月、カンボクの実を食べている。

ノジコの森

昭和五十二年の春、東北大学演習林に赴任したとき、私の研究室として、一軒の古い木造建築のなかの、一部屋があたえられた。歩くたびに、床板がギシギシ鳴った。窓の隙間《すきま》からは、冷たい西風がはいってきた。最初は、ちょっととまどったが、窓をあけると、前にヨシの生える湿原が広がっていた。湿原のまわりには、ハンノキとオノエヤナギが樹林を形成していた。私はいっぺんに、この環境が気に入ってしまった。五月になると、このハンノキの樹林で、耳なれない鳥の声がするようになった。アオジに似ているが、もっと早口である。歌の最後にピリリリリリン、と鈴を振るような音色をいれる。かなりの美声である。双眼鏡でさがすのだが、樹冠のなかに隠れて、なかなか姿がとらえられない。アオジに似ているが、もっと暗い色である。

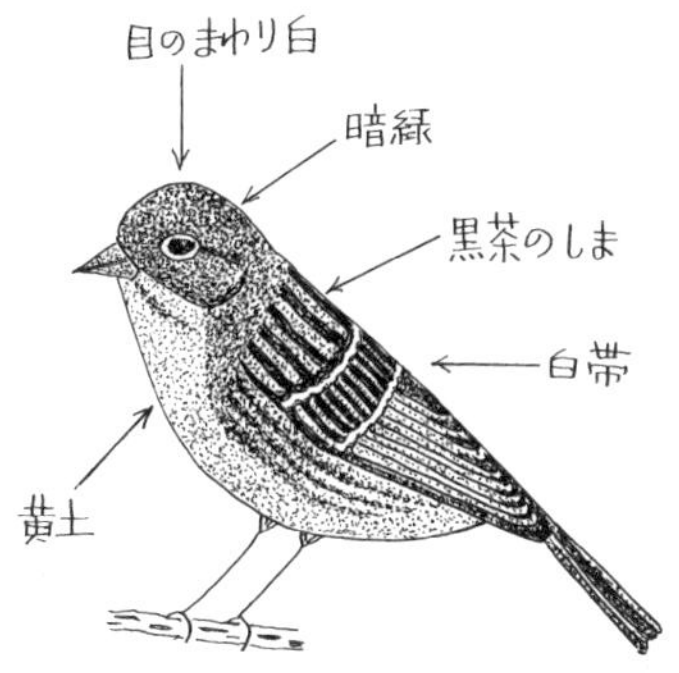

ノジコ

ノジコと判断したが、はじめての鳥だったので、確信がもてない。ある日曜日に仙台に出て、野鳥のカセットテープを買ってきた。テープから流れ出た声は、まさしく研究室のまえの、ハンノキの樹冠から流れてくる声とおなじだった。やはりノジコだった。

　のちになって、このノジコが、田代川ぞいのハンノキ林に、たくさん生息していることを知った。雌は、ハンノキ林下の、イヌガヤ、コマユミ、ミヤマイボタなど、灌木の下枝が地面に接するようなところで、巣をつくる。雄は、ハンノキ林の林間を、あっちへ行ったり、こっちへ来たりして、テリトリーソング（縄張り宣言の囀り）を歌うのに余念がない。

　ノジコは、湿地林に好んで生活しているようである。田代のハンノキ林も、ノジコの森だった。そしてまちがいなく、ノジコは、ハンノキ林の魅力を生み出す、ひとつの重要な要素である。

　ではノジコは、どうしてハンノキの湿地林を好むのだろうか。それは、類似種アオジとの力関係が働いているのではないか、と思う。どちらも、明るい高原を好む鳥だが、アオジが乾燥する低木林をとり、ノジコは湿ったハンノキ林をとった。生息環境としては、湿地林のほうがきびしいから、ノジコのほうが湿地林に逃げた。私には、そうみえる。

ノジコの巣は、イヌガヤの下枝にあった

ハンノキ林とコガラ

コガラはハンノキ林を代表する野鳥である、と私は考えている。ハンノキ林の魅力は、コガラの存在をぬきにしては語れない。高野伸二『フィールドガイド　日本の野鳥』によると、コガラは学名をパルス・モンタヌス（Parus montanus）といい、九州以北の日本列島と中国の東北部に留鳥として生息している。落葉広葉樹林にすみ、冬でも平地に降りてくることはない、という。ヤマガラやシジュウカラとちがって、俗世間がきらいな鳥らしい。

コガラは、枯れ木の幹にみずから穴をほって巣をつくる。しかし、キツツキではないから、穴ほりはそんなに得意ではない。ハンノキという木は、湿地に生えているため、枯れやすい。枯れると、腐朽菌《ふきゅうきん》（キノコ）に冒され、材は腐ってもろくなる。コガラにとっては、そんな腐朽木はありがたい木である。

ヨーロッパの野鳥図鑑を読んでいたら、つぎのような記載があった。

「コガラはヨーロッパから東アジア・日本まで分布し、森林限界あたりの樹林にもみられるが、ハンノキの湿地林によく姿をみせる」と。

コガラがハンノキ湿地林を好むのは、ヨーロッパも日本もおなじであることを知った。さらに、つぎのような解説があった。

「春になると、雌鳥は、腐朽した幹に穴をほる。キツツキのような、木ほりに適したくちばしと、すぐれた穴ほり技術をもたないから、仕事は一〇日以上もかかる。巣穴には、こけ、地衣、草茎などを敷き、七～九個の卵を産む。一四日の抱卵ののち、孵化《ふか》する。一七～一九日の育雛《いくすう》期間をへて、巣

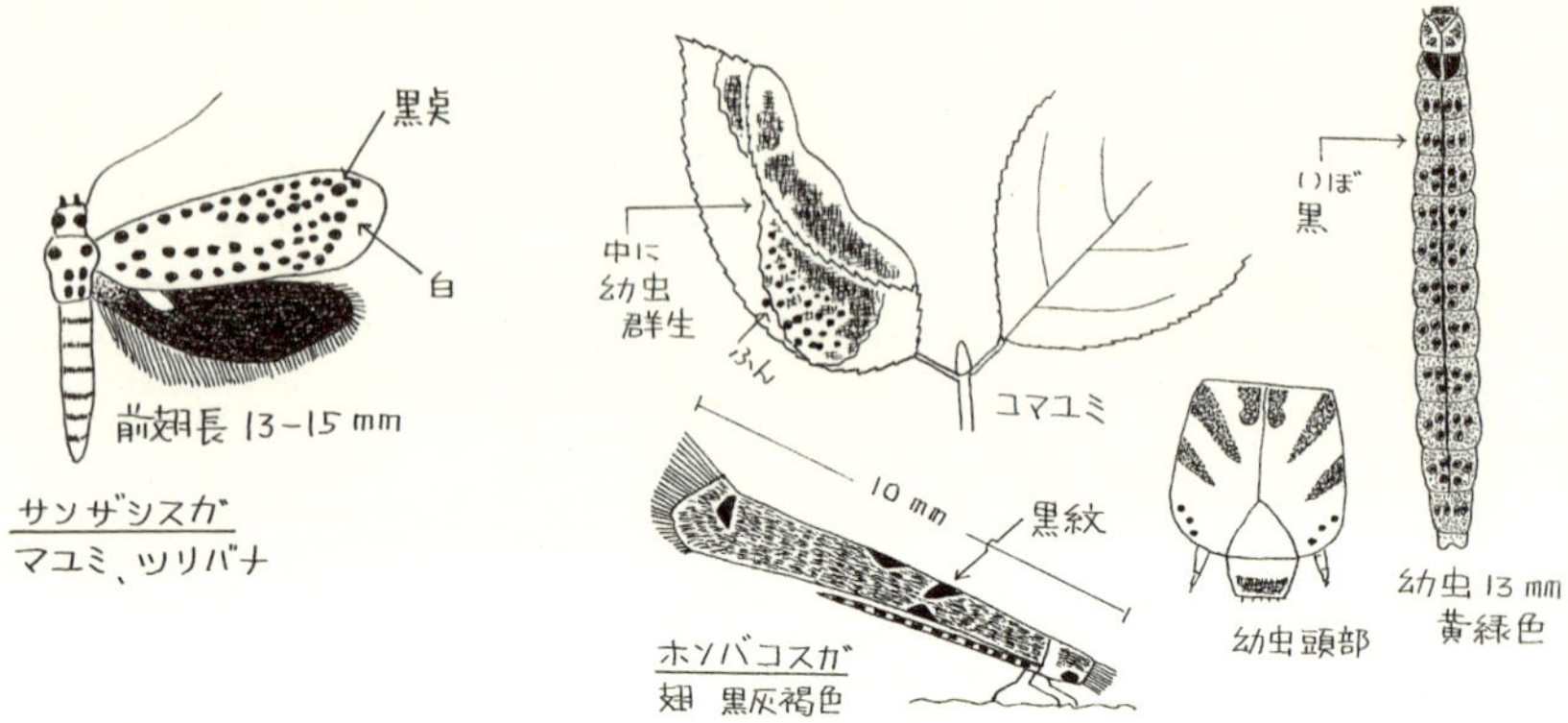

立ちする。育雛には、さまざまな昆虫を採る。」

ハンノキ林の蛾相

鳴子・鬼首のハンノキ林のコガラも、五月上・中旬には産卵し、中・下旬には雛が誕生してくる。そうなれば、親鳥の虫探しが活発となる。餌はおそらく、樹葉を食べる蛾《が》の幼虫だろう。五月中・下旬といえば、木々の葉はまだ開いたばかりである。そしてそのころ、若葉をよく食べる蛾といえば、ハマキガ、シャクガ、ヤガの仲間だろう。

ハマキガ類は、比較的小型の蛾で、幼虫は木々の新葉を巻き、そのなかに隠れて、葉を内側から食べていく。この時期、コマユミの葉をつづる、小さな青虫がよく観察された。飼育した結果、ホソバコスガという種類であった。

また、ツリバナの葉に、くものす状の巣をつくって、集団で生活している、小さな蛾の幼虫の集団がよく目についた。これも、飼育の結果、サンザシスガという種類であることがわかった。ニシキギ科の樹には、スガ科の蛾が好んで寄生するようだ。

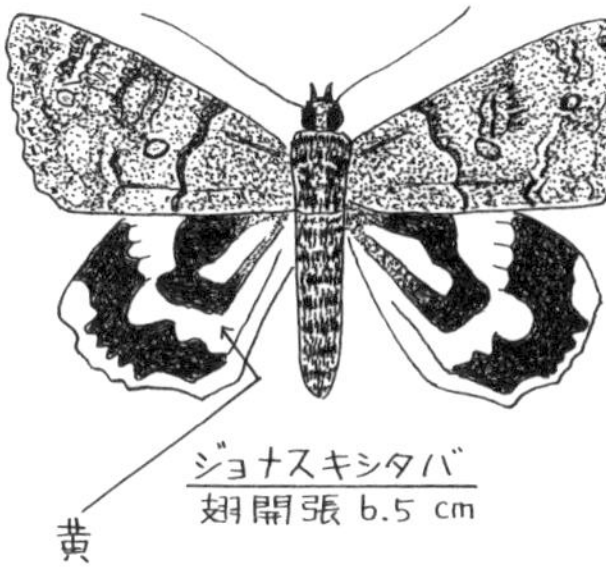

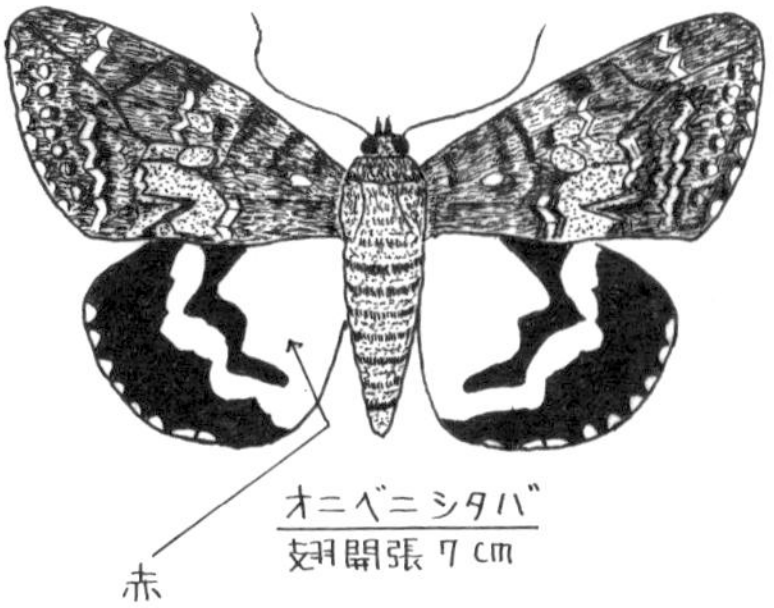

シャクガ類は、小型の蛾から比較的大型の蛾まで、大きさにはバラエティがある。幼虫は、淡緑か褐色をしていて、日中は、枝さきに、小枝のように静止している。まわりの色に溶けこんで、みつけにくい。野鳥からの「葉がくれ」作戦である。

ヤガ類は、中型の蛾であるが、小型の種は、やはり葉を巻くものが多い。しかし、中型の種は、体を露出して、木々の葉を食べる。だから、色彩は、茶色か、緑色をしたものが多い。

私は、真夏のころ、田代川ぞいのハンノキ・ハルニレの森で蛾の採集をしたことがある。夏は、もう成虫の時期で、オニベニシタバ(幼虫の餌木はミズナラ)、ジョナスキシタバ(ケヤキ)、マメキシタバ(ミズナラ)、エゾシロシタバ(ミズナラ)など、ヤガ科のシタバ類によく遭遇した。

シタバ類の成虫は、前翅《ぜんし》の色が樹皮の色に似ていて、木の幹に静止しているときはみつけにくい。これは「保護色」なのだが、後翅は赤や黄色の派手な模様をもっており、急に飛び出すと、よく目立つ。これは、野鳥を脅かす「警戒色」なのである。一方、この仲間の幼虫は、細長く、シャクガの幼虫に似ている。色もみんな、地味である。これは「葉がくれ」作戦である。

ハンノキ林は、高木層にハンノキとヤチダモが混生し、低木層には、コマユミ、ツリバナ、ミヤマイボタ、ノリウツギなどの群落が優占的に存在する。また、ハンノキ・ハルニレ林に隣接して、山の傾斜部には、コナラ、ミズナラ、ブナの森が広がっている。

　これら高木や灌木の葉には、多種類の蛾が寄生しているにちがいない。しかし私はまだ、この森の蛾相は完全にはしらべていない。そこで、宮田　彬『蛾類生態便覧（下巻）』をしらべてみた。田代の森でみられる主要樹種について、樹種別、蛾の科別に、食葉性蛾類の種数をまとめると、表1のようになった。

　この表をみると、シャクガの多いのが目立つ。シャクガ類は、野鳥のもっとも好む蛾類である。表のなかの蛾がすべて、田代の森に生息するわけではないが、ハンノキ・ハルニレの森の蛾相をイメージとして把握できる。

表1　樹種別蛾相

樹種＼蛾科	ハマキガ	メイガ	スガ	カギバ	シャクガ	カレハ	ヤママユ	スズメ	シャチホコ	ドクガ	ヤガ	計
オニグルミ	1	2		2	16		2	2	4	2	7	38
サワグルミ					7		1	3		2		13
ハンノキ	5				3	1	2		1	2	1	15
サワシバ				1	8						5	14
アカシデ					10	1			1	1		13
ブナ	1			1	7		1		5	3	7	25
コナラ	5	2	2	4	66	2	7	1	17	7	16	129
ミズナラ	3	1		3	30	2	2		14	2	17	74
ハルニレ	3				12		3		4	2	7	31
クロモジ					6							6
ノリウツギ					2			2		1		5
コマユミ・ツリバナ			2		9			1				12
ハウチワカエデ					3		1		5			9
ヤマモミジ					11							11
ヤマブドウ					2							2
ミヤマイボタ					2							2
ガマズミ					10		1	2		1		14
オオカメノキ	1			1	2							4
	19				206				51		60	417

ハンノキ林の樹木社会を解析する

ハンノキ林の解析の仕方

樹木の豊かな森は、豊かな野鳥群を支える。そこで、田代川ぞいの森の実態を把握するため、ハンノキ林の構造解析を行なった。さらに、ハンノキ林に隣接する森の樹木相を観察記録した。

田代川ぞいの湿地帯には、ハンノキとヤチダモを主木とする林が広がっている。その林は、細かく観察すると、高木層、中木層、低木層と、背の低い灌木層の四層に分けることができる。そして灌木層には、サワフタギ群落が発達しているところ（プロット1）、ミヤマイボタ群落が発達しているところ（プロット2）、コマユミ群落が発達しているところ（プロット3）がみられた。そこで、その灌木層に着目して、三カ所に調査区を設定した。

調査区の広さは三〇メートル×二〇メートルの方形区で、樹高一メートル以上の、すべての木について、種名、胸高直径、生木か枯死木か、を記録した。枯死木に注目したのは、それがコガラの重要な巣穴形成木になるからである。樹高二メートル以下の灌木類は、本数や胸高直径は測定せず、種名と、林床での優占状況を記録するにとどめた。

つぎに、そのデータにもとづいて、各層での樹種構成を明らかにするため、全木を、胸高直径別に、細木群（〇～一〇センチ）、中木群（一〇～二〇センチ）、太木群（二〇～三〇センチ）の三段階に区分けした。毎木の樹高は測定しなかったので、直径の太い木は高木、細い木は低木という、おおざっぱな前提で、層別に、樹種構成を解析してみたのである。観察から推定すると、最上木は樹高約二〇メートル、中間層は平均約一五メートル、低木層は五～一〇メートルていどである。

ハンノキ林の層別樹種構成

作業結果をまとめると、図Aのようになった。この図では、各層ごとの、樹種別本数は株数（一株で二～三本に分岐《ぶんき》するものあり）で示してある。

プロット1　―灌木層はサワフタギ群落―

高・中木層ではハンノキが優占し、低木層でウワミズザクラが優占している。下層には高木性の幼木がみられない。ハンノキの幼木もない。

プロット2　―灌木層はミヤマイボタ群落―

高・中層はハンノキとヤチダモが、ともに優占を分けあっている。低木層はヤチダモの幼木が支配しており、ほかに高木性のホオノキ、ハルニレ、ブナの幼木が出現している。しかし、ハンノキの幼木はみられな

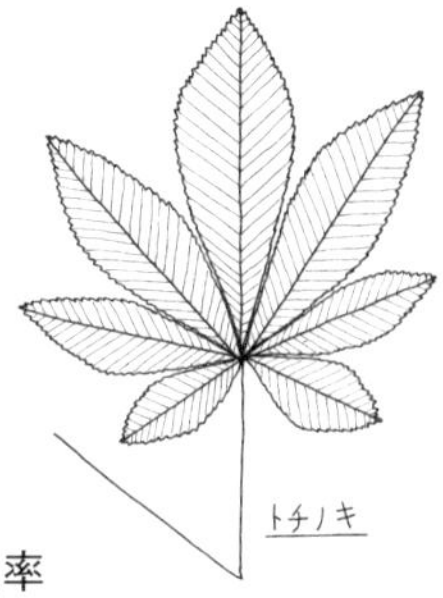

図A　ハンノキ林の層別樹種構成と枯損率

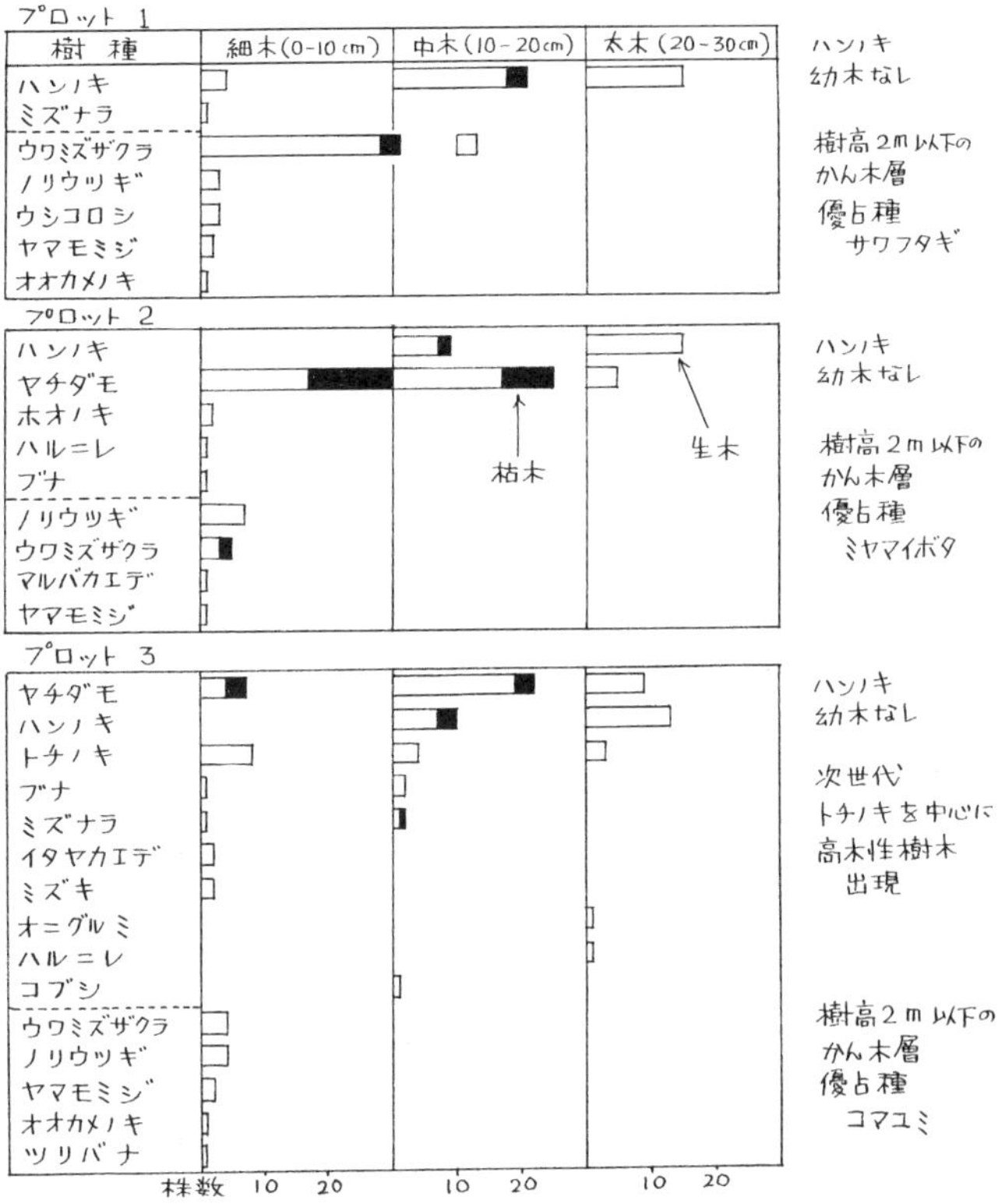

い。低木層では、ノリウツギ、ウワミズザクラ、ヤマモミジなどがみられたが、これらは本来、中・低木性の樹木である。

　枯れ木は、小・中径木でかなり発生していた。本数割合で、全体の二五パーセントという高率だった。このうち、中径木の枯れ木はコガラの営巣木となるだろう。樹種はヤチダモとハンノキだった。大径木には枯死はない。

　灌木層は、ミヤマイボタのほか、ヤブデマリ、コマユミ、ツリバナ、クロモジ、オオカメノキ、ウシコロシ、イヌガヤ、イヌツゲなど、数多くの灌木が混生していた。また、高木性のサワグルミ、ミズナラ、中木性のウワミズザクラ、ヤマモミジ、コハウチワカエデ、マルバカエデなどの幼木も、少数混生していた。

プロット3　―灌木層はコマユミ群落―

　高・中木層は、ハンノキとヤチダモが優占を分けあっている。そんななかで、トチノキが、低・中・高木層の全層にわたって出現しているのが注目される。ほかに、低木層には、ブナ、ミズナラ、イタヤカエデ、ミズキ、オニグルミ、ハルニレ、コブシなどの、各種の高木性の幼木が出現している。

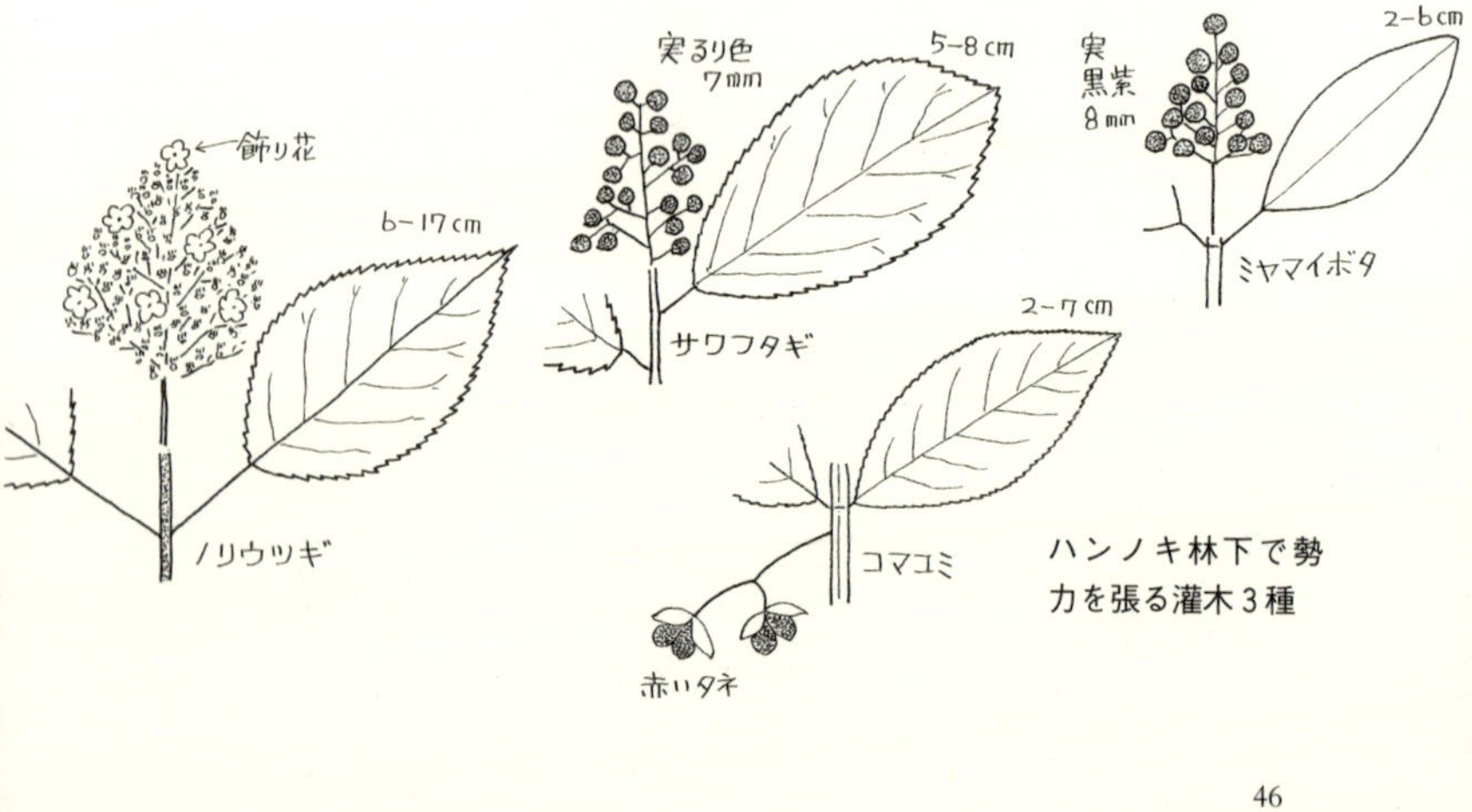

ハンノキ林下で勢力を張る灌木3種

しかし、ハンノキの幼木はみられない。このハンノキ林は、将来、トチノキを中心とする広葉樹林に移行していく準備をしているようにみえる。

枯れ木は低・中木層で若干発生していた。枯死率は本数割合で一パーセントであった。しかし、このプロットでも、大径木には枯死は発生していない。

灌木層は、コマユミのほか、サワフタギ、ミヤマイボタ、ヤブデマリ、オオカメノキ、イヌツゲ、ウシコロシ、サラサドウダン、ガマズミなどの灌木が混生している。また、ウワミズザクラ、ヤマモミジ、コブシなど、中・高木性の幼木も少数出てくる。

プロット外

固定調査区には出現しなかったが、ハンノキの湿地林には、カンボク（低木）もよくみられた。冬、雪が森を支配するとき、カンボクの赤い実はよく目立った。カンボクの赤い実が目立つのは、それ以外の灌木類の液果は、みんな、秋のうちに、野鳥に食べられてしまうからである。カンボクの実は、すごく渋苦くて、小鳥も食べないのだ。しかし、冬を越して

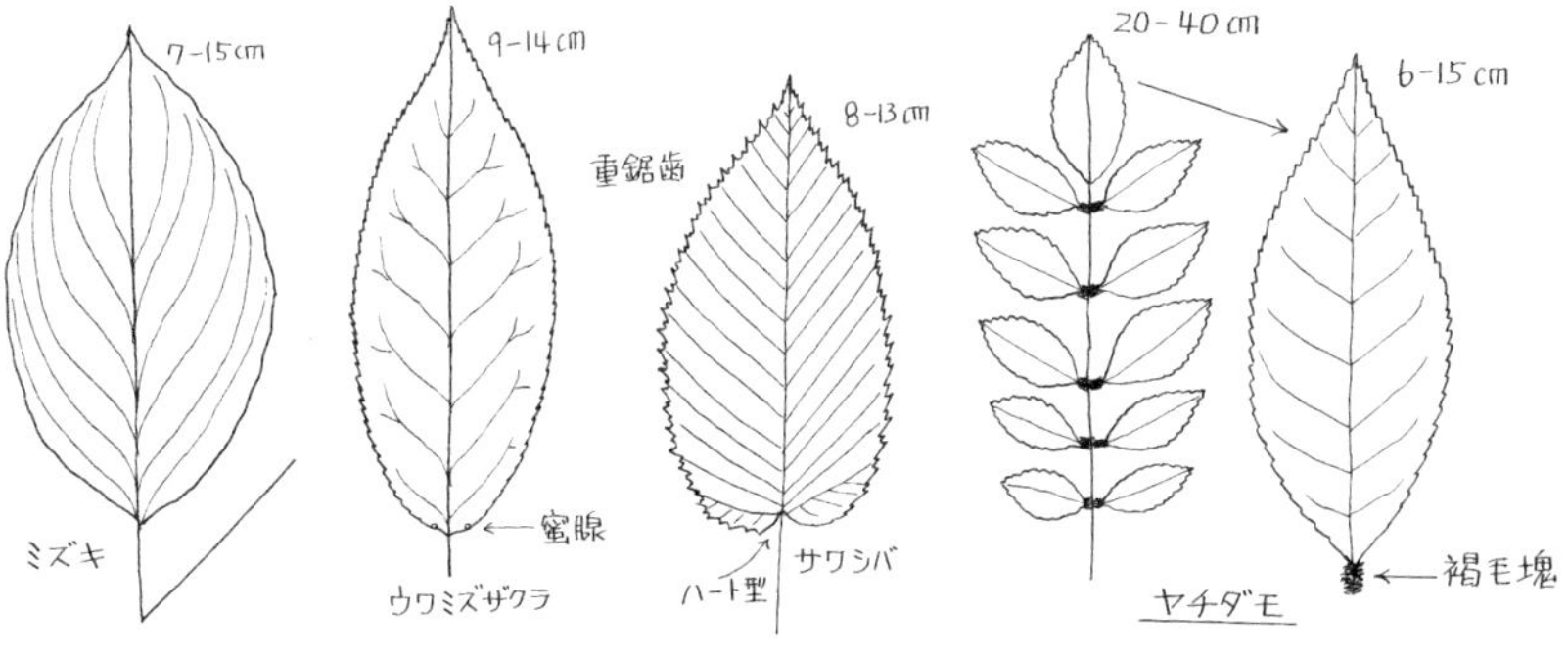

春になると、カンボクの実も食べられるようになる。低温が、苦味質を分解してしまうからだ、と思う。

ハンノキやハルニレの幹には、常緑樹のツルマサキがよくからんでいる。この蔓木は、秋おそく赤い実をつけて鳥を呼ぶ。

田代のハンノキ林は、将来、どうなるの？

固定調査区での調査から、ハンノキとヤチダモは、低・中木層でかなりの枯死木が発生していた。

枯死木の発生率は、プロット2で二五パーセント、プロット3で一パーセントであった。このデータからは、年間、どのていどの枯死木が発生するのか、判断しにくいが、年々、数パーセントは枯死するとみてよいだろう。

枯死の原因は、大雨による冠水もあるだろうが、大径木に枯死がなく、中・小径木に枯死の多いことから、種内競争《しゅない》（こみあい）が原因であるかもしれない。実際は、かなり疎林《そりん》なのだが、光がほしいハンノキにとって、少しでも暗くなることは、致命的なのかもしれない。

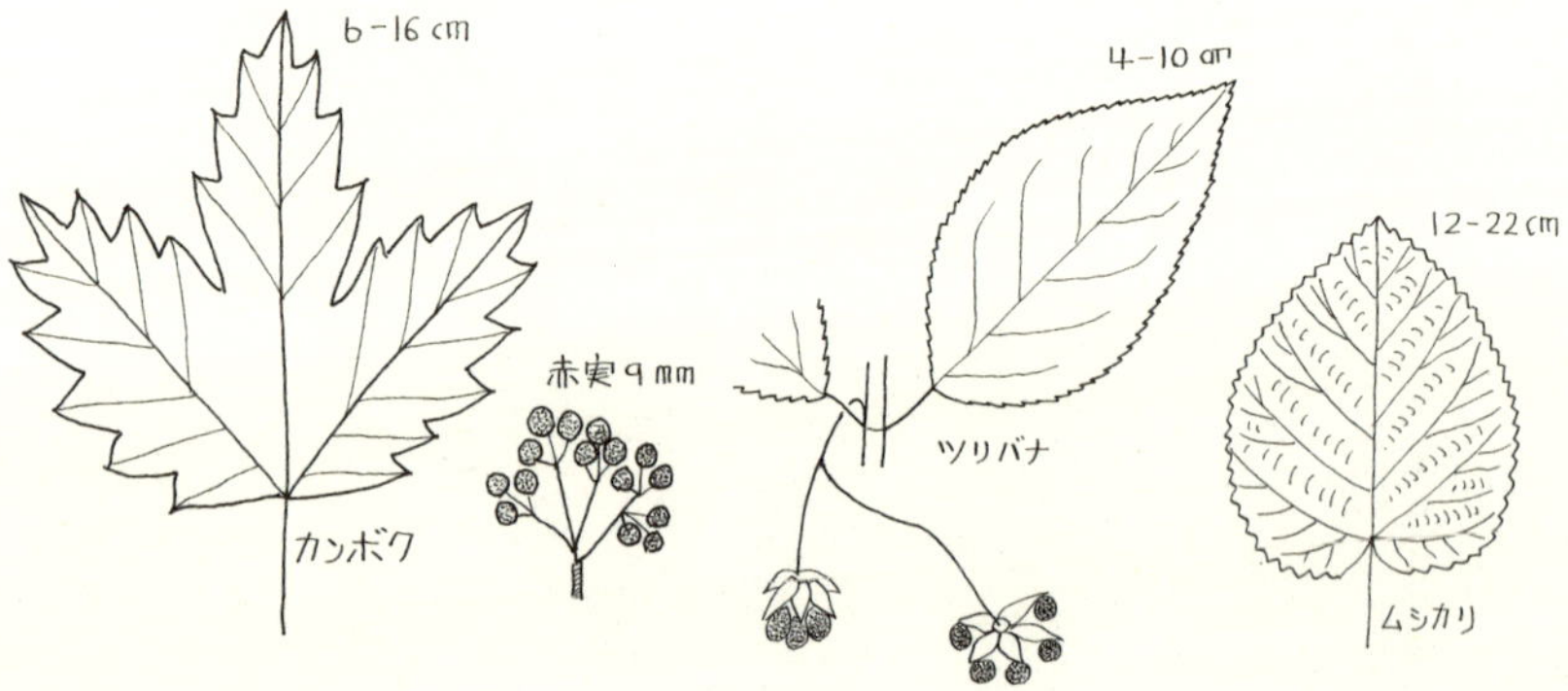

ハンノキの枯れは、静かに進行している。しかし、林床の草本層や灌木層には、ハンノキやヤチダモの幼稚樹は、まったく出現してこない。このままだと、このハンノキ林は、将来、ほかの広葉樹林―たとえば、トチノキ、ハルニレ、ウワミズザクラなど―に変わってしまうかもしれない。それとも、大雨で冠水でもしたら、これらの木々も枯れて、水の浸かった裸地となり、また、ハンノキとヤチダモが実生してくるのだろうか。

一般に、ハンノキ林の出現初期は、もっと水の浸かった状態ではないか、と思う。福島県土湯《つちゆ》温泉の裏山に、男沼と女沼があり、快適なハイキング・コースになっているが、この女沼には、水に浸かる状態で、ハンノキの若い林分がみられる。おそらく、この樹林には、ハンノキ以外の樹木は存在しないだろう。ほかの木々は、こんな水浸しになれば、生きていけないからだ。この姿が、ハンノキ林の初期の姿ではないか、と思う。

田代川ぞいのハンノキ林は、調査当時（一九八二）で、林齢は約四〇年と推定したが、そのころ、すでにハンノキ林は十分に成熟しており、つぎの森へむかって、徐々に移行しつつあるようにみえる。林床に、サワフタギ、コマユミ、ミヤマイボタの灌木群落が定着していて、土壌の乾燥化も、かな

低湿沼地に生えるハンノキ（福島県土湯温泉女沼）

り進んでいる。だから、私たちも、林床を長靴で歩きまわることができたのである。

いま、鬼首《おにこうべ》・田代のハンノキ林は、多くの樹木や野草を養って、すごく豊かな生物社会を形成している。田代のハンノキ林は、いま、爛熟《らんじゅく》期《き》を謳歌《おうか》しているようにみえる。しかし、この森は、すでに、別の森へと、静かに変質していくステージにはいっているのかもしれない。ただし、いまのところ、高木層に枯死木がみられないから、このハンノキ林の爛熟状態は、当分はつづくであろう。

コマユミって、なにもの？

ハンノキ林は紅葉しない。秋、十一月になれば、いつのまにか落葉して、裸になっている。そのころ、ハンノキ林の下層は、淡いピンクの色に染まる。コマユミが紅葉したのである。

コマユミはニシキギの変種（枝に皮翼《ひよく》が発達しない）である。だから、庭に植えると、まっ赤に紅葉する。しかし、ハンノキ林下のコマユミ群落の紅葉は、淡いピンク色だ。下層が淡いピ

ハルニレの森でみられるカエデ6種

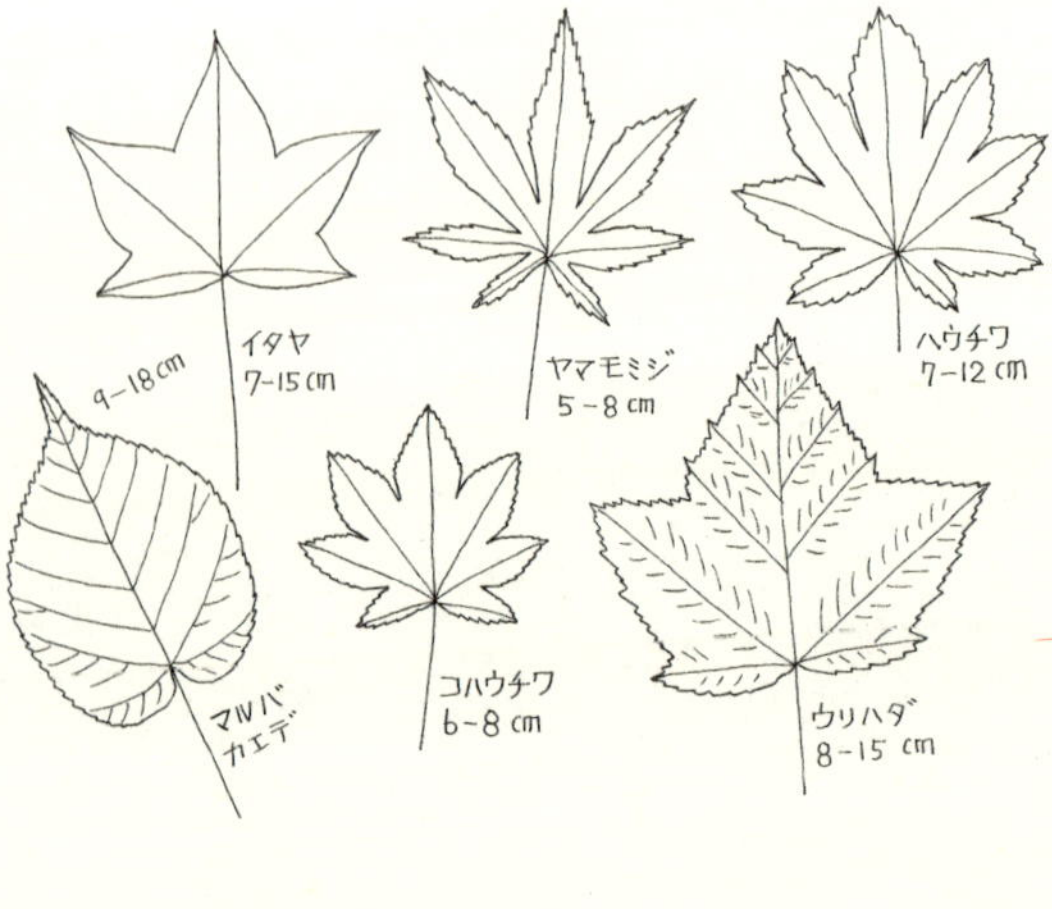

ンクに染まった、裸木のハンノキ林は、まことに静かな、東洋的な淡彩画の風景である。そしてそれは、だれにみられることもなく、まもなく、冬の銀世界に移っていく。

田代の秋のハンノキ林が、ほかではみられない、独特な風景を生み出すのは、コマユミという灌木が、ハンノキ林下で、広範囲にわたって群落を形成するからである。

コマユミは、北海道から九州まで、そして、朝鮮半島から中国、ロシアまで、広く分布する。宮城県でも、どこの山でも、ごくふつうにみられる。しかし、それはいつも、単独で、ほかの灌木に混ざって、ひっそりと生きている。大学の山でも、傾斜地林では、コマユミの群落はみたことがない。

なぜ、コマユミは、ハンノキ林の下で群落を形成するのか。考えられることは、コマユミは（サワフタギやミヤマイボタもおなじ）、水に浸かったハンノキ林が乾燥して陸地化してくると、まっ先に侵入・定着する力をもっているからだ。別な表現をすれば、コマユミは、本来、競争力のない、よわい樹木なのだが、そのかわり、悪い環境には、よく耐える。忍耐力は抜群に高い。だから、ほかの樹木がはいってこれない、ハンノキ湿

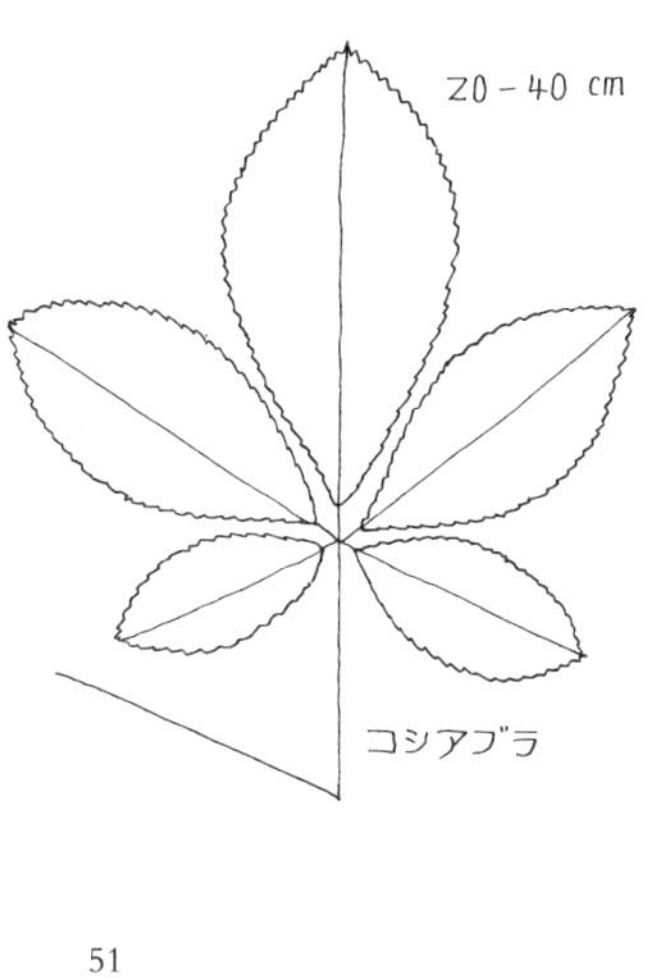

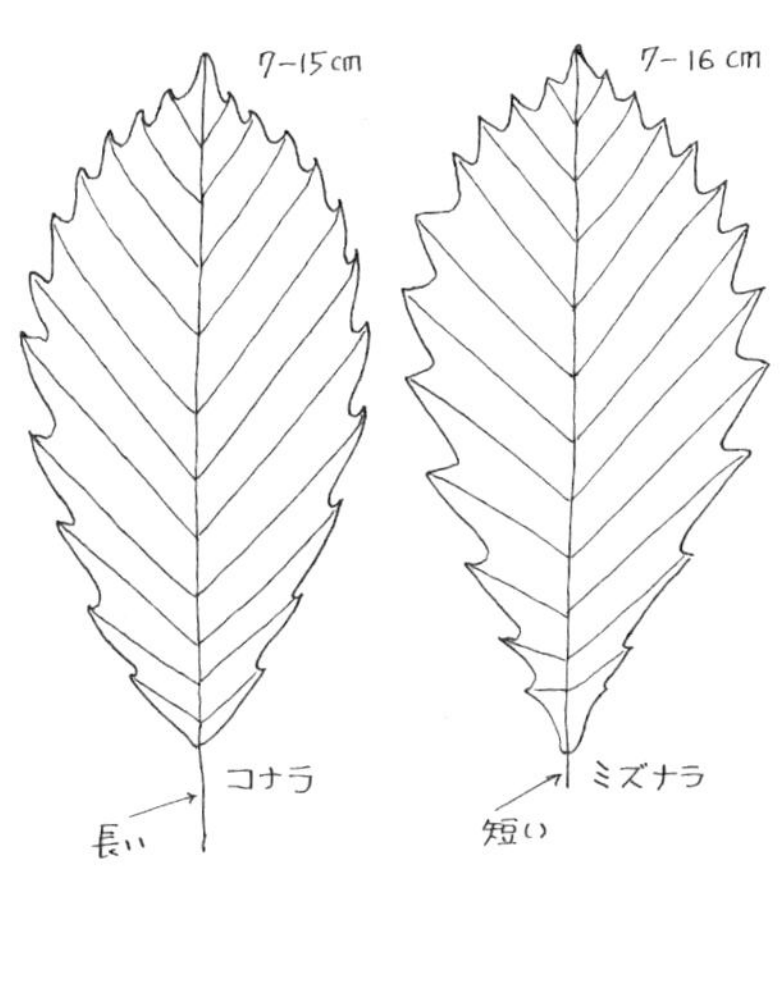

地林に入って、コマユミ天国を築くことができたのである。また、ハンノキ林は、コマユミが安んじて生きていける環境を提供している、ともいえる。だから、晩秋のハンノキ林の風景美は、ハンノキとコマユミの共同作品ということになる。

ハルニレの森の樹木相

ハンノキの湿地林に隣接して、やや高台の平坦地にはハルニレの森が発達している。ハルニレの森については、方形区を設定しての調査はしなかったが、常時の観察記録から、つぎのようなことがいえる。

高木層：樹高一五〜二〇メートル、胸高直径二五〜三〇センチのハルニレが優占し、トチノキ、カツラ、サワグルミ、オニグルミ、コブシ、イタヤカエデなどの大径高木が少数混在する。

中間層：ウワミズザクラのほか、ヤマモミジ、イタヤカエデ、マルバカエデ、ハウチワカエデ、コハウチワカエデ、ウリハダカエデなどのカエデ類がよくみられた。これらのカエデ類は、本来は、ハルニレ林につづく傾斜地のコナラ二次林やブナ・ミズナラ二次林の重要構成員である。

低木層：ハンノキ林で記録された灌木のほか、ゴマキもよくみられる。

コナラ二次林とブナ・ミズナラ二次林の樹木相

平坦地につづく傾斜地は、コナラ二次林とブナ・ミズナラ二次林となる。傾斜地林は、本来はブナの原生林であるが、かつて（戦前）、薪炭林として伐採がつづけられていたらしい。ところどころに、巨大なブナ（母樹《ぼじゅ》）が残っていて、そのまわりにブナの二次林が発達している。炭焼きという行為が、ブナの実生《みしょう》を活性化させ、うまくブナの二次林を再生させていったようだ。

本来ならミズナラが生える場所に、コナラがたくさん生えている。これは、伐採にたいする反応のちがいによる。コナラのほうが陽性で、反応が速い。しかし、コナラ林の下には、耐陰性のあるミズナラが生えている。

そのほか、斜面には、アカシデ、ホオノキ、コシアブラ、ミズキ、エゾヤマザクラ、ウワミズザクラ、アオハダ、ウラジロノキ、アズキナシ、ハクウンボク、コバノトネリコ、ヤマモミジ、コハウチワカエデ、ノリウツギ、オオカメノキなどなど、多種類の広葉樹が出現してくる。二次林は、比較的、陽性の樹種で構成されていることがわかる。

また、平坦地と傾斜地の接点あたりは、ハンノキやホオノキの幹にからむ、ヤマブドウやサルナシの、大きな蔓がみられる。

ハンノキ林下の野草群落をしらべる

野草群落のしらべ方

田代川ぞいのハンノキ林の構造を解析していて、このハンノキ林は、成立してからかなりの年月を経過しており、いまや爛熟期《らんじゅくき》にあるのではないか、と考えた。この森の樹種構成の多様さ、野鳥や昆虫の多様さが、そのことを物語っている。田代川ぞいのハンノキ林の魅力は、その爛熟した果実から発散してくるのだろうか。

春、田代川ぞいの森を歩くたびに、私は、春草たちの、絢爛《けんらん》たる美の競演に、心踊るものを感じていた。ハンノキ林の爛熟した様相が、野草の世界にも表われていることは、感覚的にはわかっていたのだが、その実態を具体的に把握してみたい。そんな気持ちが、野草の調査へ駆り立てることになった。

調査には、野草に詳しいS教授夫人に協力してもらった。私たちは、S夫人も含めて、植物分類学や植物生態学の専門家ではないし、それに私は、その分野の研究報告を書くつもりでこの研究をしたわけでもない。あくまでも、「ハンノキ林の魅力をさぐる」という視点からの、アマチュア研究なのである。

まず、観察によって、野草群落を区分けし、固定調査区を設定した。このとき、上層の林分《りんぶん》の状態にも着目した。田代川ぞいの森に野草群落が発達しているのは、上層林が比較的疎林《そりん》で、林床《りんしょう》にまで、光が十分届くからである。また、林床の湿性度に変化が多く、それが野草群落の多様化に関与している。

そんな林床環境を示すものとして、上層林を、ハンノキ林（湿性環境）とハルニレ林（やや乾性環境）に分け、その林下に、調査すべき野草群落をえらんだ。そして、平坦地のハンノキ・ハルニレ林と比較するために、隣接する傾斜地のコナラ林およびミズナラ・ブナ林下の野草群落もしらべた。調査区を設定した野草群落は、つぎのとおりである。

a **ハンノキ林下**（＋ヤチダモ）

①ススキ群落、②バイケイソウ群落、③ミズバショウ群落、④サワフタギ群落、⑤キクザキイチリンソウ群落

b **ハンノキ―ハルニレ林下**

⑥メタカラコウ群落、⑦湿性クマイザサ群落、⑧乾性クマイザサ群落

ハンノキ林下のバイケイソウ群落（筆者とＳ夫人）

c ハルニレ林下（＋トチノキ）

⑨ユリワサビ群落、⑩ヤマトリカブト群落

d 傾斜地コナラ林下

⑪傾斜地クマイザサ群落、⑫傾斜地イタドリ群落、⑬傾斜地ハナヒリノキ群落、

⑭傾斜地アクシバ群落

e 傾斜地ミズナラ林下（＋ブナ）

⑮傾斜地マイヅルソウ群落

固定調査区に出現した全野草の、種名、被度《ひど》（カバーする面積割合を5段階で示す）、草丈を記録した。野草群落の種構成は、季節の動きとともに変化していく。各調査区とも、春または初夏、盛夏、早秋と、季節をかえて、年三回、調査を行なった。全調査が終了するのに三年を要した。

調査結果

一五カ所の調査結果を要約して述べると、つぎのようになる。

a ハンノキ林下（＋ヤチダモ）

①ススキ群落：部分的に、小面積にみられる。年間をとおしススキが優占。五月には、ススキの下にワラビがかなり出現する。乾燥した場所ではないか、と思われる。

②バイケイソウ群落：湿ったハンノキ林下で大きな勢力を張っている。五月はバイケイソウが優占し、

キクザキイチリンソウとコチャルメルソウがやや目立つ。七月になると、バイケイソウは萎《な》え、かわってミゾソバが優位に立ち、コチャルメルソウがこれにつづく。オオウバユリとダキバヒメアザミも目立つ。

③ミズバショウ群落：水のたまった個所に、小面積で、小さな群落がみられる。五月はバイケイソウが被度3で優位に立ち、ミズバショウが被度2でつづく。ほかにキクザキイチリンソウ、コチャルメルソウ、ヒメザゼンソウがやや目立つ。七月にはバイケイソウは姿を消し、ミズバショウとヤマトリカブトが被度2で、優位を分けあう。

宮城県泉ケ岳山麓・芳の平《よしのたいら》のハンノキ湿地林は、水分が多く、ミズバショウ群落がよく発達していて、バイケイソウを抑えている。これにくらべると、田代川ぞいのハンノキ林は、ミズバショウよりバイケイソウのほうが繁茂している。これは、乾燥化の進行していることを示しているのだろう。

④サワフタギ群落：サワフタギの群落の下で草本が群落を形成するという、複層群落をなす。草本群落については、五月はバイケイソウが優占し、ついで、オオハナウドとヤマトリカブトが目立つ。七月になると、サワフタギが枝葉を茂らせるため、その下では、草本植物は、ほとんどみられなくなる。

ハンノキ林下には、サワフタギのほかにも、ミヤマイボタやコマユミの灌木群落が、かなり広範囲にわたって存在する。灌木群落の発達は、ハンノキ林の乾燥化がかなり進行していることを示している。灌木林は、蛾相《がそう》を豊かにするのに大きく貢献しているが、あまり広く勢力を張りすぎると、野草群落を破壊するおそれもある。

⑤キクザキイチリンソウ群落：湿った場所で、広範囲に、ゆるやかな群落を形成する。五月、キクザキ

イチリンソウとヒメザゼンソウがともに優位にたつ。バイケイソウがそれにつぎ、カタクリとタチカメバソウもやや目立つ。

b　ハンノキ―ハルニレ林下

⑥メタカラコウ群落：ハンノキとハルニレが混在する場所は、ハンノキ林よりも乾燥していることを示している。五月から九月にかけてメタカラコウが優占。ついで目立つ草は、五月のオオハナウドと、七～九月のカキドオシ。

⑦湿性クマイザサ群落：年間をつうじササが優占。五月はササの下にバイケイソウとヒメザゼンソウがやや目立つが、七月にはどちらも萎え、かわってイノデがやや多くなる。

⑧乾性クマイザサ群落：ササが年間をつうじ優占。五月はヒメザゼンソウとメタカラコウがやや目立つが、七月はヒメザゼンソウは萎え、メタカラコウだけとなる。八月はササ一色になる。

c　ハルニレ林下（＋トチノキ）

⑨ユリワサビ群落：ハルニレ林のある場所は、水が浸かることはない。五月はユリワサビとコチャルメルソウが優位を

ユリワサビ群落

キクザキイチリンソウとカタクリ

分けあい、ついでヤマトリカブト、オオハナウド、メタカラコウが目立つ。七月になると、ユリワサビは萎え、かわってメタカラコウが優位につき、ヤマトリカブトとオオハナウドも背丈を伸ばしてくる。九月になると、ヤマトリカブトの世界となる。

⑩ヤマトリカブト群落：五月はヤマトリカブトが優占し、メタカラコウとダイコンソウがやや目立つ。七月になるとメタカラコウが増えて、ヤマトリカブトと優位を分けあう。高茎草原という感じになる。秋になるとフユノハナワラビが目につく。

d　傾斜地コナラ林下

⑪傾斜地クマイザサ群落：年間をつうじササが優占するが、場所によっては、シシガシラがササと優位を分けあう部分もある。数は少ないが、ウワミズザクラ、リョウブ、コシアブラ、アオキ、クロモジ、ミヤマガマズミ、オオカメノキなどの、高木や灌木の幼木が出てくる。湿地帯のササ群落には出てこなかった樹木の幼木が、傾斜地のササ群落は、いろいろ出てくるのは興味深い。ササ群落は、戦前の

ヤマトリカブト

オオハナウド

森林伐採の時期に拡大した、と思うが、いずれは樹木群落に移行していくことを示している。

一方、田代川ぞいの、平坦地のハンノキ・ハルニレ林下のササ群落では、樹木の幼稚樹はみられず、しばらくは現状維持でつづくだろう。このことは、ツキノワグマにとっては、好ましいことであろう（後節参照）。

⑫イタドリ群落：山すそ。五月と七月はイタドリが優位に立っているが、八月はおとろえる。年間つうじヒメシラスゲが目立つ。

⑬ハナヒリノキ群落：傾斜地上部。年間をつうじハナヒリノキが優占。その下に目立つ野草なし。カスミザクラ、アオハダ、ブナ、ハリギリ、ナナカマド、ガマズミなど、高木・灌木の幼木が出てくる。

⑭アクシバ群落：尾根すじ。年間をつうじアクシバが優占。その下に目立つ野草なし。ミヤマガマズミ、クロモジ、イヌツゲなどの灌木の幼木がみられる。

e　ミズナラ林下（＋ブナ）

⑮マイヅルソウ群落：尾根に近い北斜面。マイヅルソウとクマイザサが優位を分けあう。ほかに目立つ草本なし。イヌツゲ、ヤマモミジ、オオカメノキ、アオキ、クロモジ、ノリウツギ、など、樹木の幼木が出てくる。

ハンノキ林とその周辺林の野草リスト

固定調査区で記録した野草に加え、田代川ぞいの森、全域を踏査して記録した野草は、表2のとおりである。

表2　田代地区ハンノキ・ハルニレ林下の草本植物目録（その1）

＜シダ植物＞

1.ヒカゲノカズラ Lycopodium clavatum
2.スギナ Equisetum arvense
3.ヒロハハナヤスリ Ophioglossum vulgatum
4.フユノハナワラビ Sceptridium ternatum
5.ゼンマイ Osmunda japonica
6.ヤマドリゼンマイ O. cinnamomea
7.ワラビ Pteridium aquilinum v. latiusculum
8.ヒメシダ Lastrea thelypteris
9.クサソテツ Matteuccia struthiopteris
10.ジュウモンジシダ Polystichum tripteron
11.イノデ P. polyblepharum
12.シシガシラ Struthiopteris niponica
13.コタニワタリ Phyllitis scolopendrium

＜単子葉植物＞

イネ科

14.ヤマヌカボ Agrostis clavata
15.ヌカボ A. exarata v. nukabo
16.イブキヌカボ Milium effusum
17.ススキ Miscanthus sinensis
18.チヂミザサ Oplismenus undulatifoilus
19.オオアブラススキ Spodiopogon sibiricus

カヤツリグサ科

20.ヒカゲスゲ Carex lanceolata
21.ミヤマシラスゲ C. confertiflora
22.ヒメシラスゲ C. mollicula
23.シバスゲ C. nervata
24.タガネソウ C. siderosticata
25.アゼスゲ C. thunbergii

サトイモ科

26.ヒメザゼンソウ Symplocarpus nipponicus
27.ミズバショウ Lysichiton camtschatcense v. japonicum
28.マムシグサ Arisaema serratum f. thunbergii

ユリ科

29.ギョウジャニンニク Allium victorialis v. platyphyllum
30.オオウバユリ Cardiocrinum glehnii
31.チゴユリ Disporum smilacinum
32.カタクリ Erythronium japonicum
33.ホソバノアマナ Lloydia triflora
34.ショウジョウバカマ Heloniopsis orientalis
35.ヤマユリ Lilium auratum
36.ユキザサ Smilacina japonica
37.マイヅルソウ Maianthemum dilatatum
38.アマドコロ Polygonatum dioratum
39.ナルコユリ P. falcatum
40.ノギラン Metanarthecium luteo-viride
41.ヤマジノホトトギス Tricyrtis affinis
42.タマガワホトトギス T. latifolia
43.オオバギボウシ Hosta sieboldiana
44.ツクバネソウ Paris tetraphylla
45.エンレイソウ Trillium smallii
46.ヤブラン Liriope platyphylla
47.ヒメヤブラン L. minor
48.バイケイソウ Veratrum grandiflorum
49.シオデ Smilax riparia

ヤマノイモ科

50.ウチワドコロ Dioscorea nipponica

ラン科

51.サイハイラン Cremastra appendiculata
52.シュンラン Cymbidium goeringii
53.ギンラン Cephalanthera erecta v. erecta
54.カキラン Epipactis thunbergii
55.ツチアケビ Galeola septentrionalis
56.ツレサギソウ Platanthera japonica
57.トンボソウ P. ussuriensis
58.クモキリソウ Liparis kumokiri
59.コケイラン Oreorchis patens

表2　田代地区ハンノキ・ハルニレ林下の草本植物目録（その2）

<双子葉植物>

センリョウ科

60.ヒトリシズカ Chloranthus japonicus

61.フタリシズカ C. serratus

イラクサ科

62.ウワバミソウ Elatostema ummbellatum

63.カラハナソウ Humulus lupulus v. cordifolius

64.アオミズ Pilea mongolica

65.イラクサ Urtica thunbergiana

66.ミヤマイラクサLaportea macrostachya

ウマノスズクサ科

67.ウスバサイシン Asarum sieboldii

タデ科

68.ミゾソバ Persicaria thunbergii

69.イタドリ Reynoutria japonica

70.ミズヒキ Antenoron filiforme

ナデシコ科

71.ミミナグサ Cerastium fontanum

72.オオヤマフスマ Moehringia lateriflora

73.ノミノフスマ Stellaria alsine v. undulata

74 ミヤマハコベ S. sessiliflora

キンポウゲ科

75.セリバオウレン Coptis japonica f. brachypetala

76.ヤマトリカブト Aconitum japonicum

77.ニリンソウ Anemone flaccida

78.アズマイチゲ A. raddeana

79.キクザキイチリンソウ A. pseudo-altaica

80.サラシナショウマ Cimicifuga simplex

ボタン科

81.ヤマシャクヤク Paeonia japonica

シラネアオイ科

82. シラネアオイ Glaucidium palmatum

ケシ科

83.ムラサキケマン Corydalis incisa

メギ科

84.キバナイカリソウ Epimedium grandiflorum subsp. koreanum

85.ルイヨウボタン Caulophyllum thalictroides v. robustum

アブラナ科

86. ユリワサビ Wasabia tenuis

87.コンロンソウ Cardamine leucantha

88.オオバタネツケバナ C. regeliana

ユキノシタ科

89.トリアシショウマ Astilbe thunbergii

90.ネコノメソウ Chrysosplenium grayanum

91.ズダヤクシュ Tiarella polyphylla

92.コチャルメルソウ Mitella pauciflora

93.ヤグルマソウ Rodgersia podophylla

バラ科

94.キンミズヒキ Agrimonia pilosa

95.オニシモツケ Filipendula kamtschatica

96.ダイコンソウ Geum japonicum

97.ミツバツチグリ Potentilla freyniana

98.ニガイチゴRubus microphyllus

99.マルバフユイチゴ R. pectinellus

カタバミ科

100.ミヤマカタバミ Oxalis griffithii

ツゲ科

101.フッキソウ Pachysandra terminalis

ツリフネソウ科

102.キツリフネ Impatiens noli-tangere

102.ツリフネソウ I. textori

オトギリソウ科

104.オトギリソウ Hypericum erectum

表2　田代地区ハンノキ・ハルニレ林下の草本植物目録（その3）

スミレ科
105.オオバキスミレ Viola brevistipulata
106.タチツボスミレ V. grypoceras
107.オオタチツボスミレ V. kusanoana
108.スミレ V. mandshurica
109.エイザンスミレ V. eizanensis
110.スミレサイシン V. vaginata
111.ツボスミレ V. verecunda

アカバナ科
112.ミズタマソウ Circaea mollis

ウコギ科
113.トチバニンジン Panax japonicus

セリ科
114.オオハナウド Heracleum dulce
115.シシウド Angelica polyclada
116.ウマノミツバ Sanicula chinensis
117.セントウソウ Chamaele decumbens

イチヤクソウ科
118.ウメガサソウ Chimaphila japonica
119.イチヤクソウ Pyrola japonica
120.ギンリョウソウ Monotropastrum humile

サクラソウ科
121.オカトラノオ Lysimachia clethroides
122.コナスビ L. japonica
123.クリンソウ Primula japonica

リンドウ科
124.ミヤマリンドウ Gentiana nipponica
125.ツルリンドウ Tripterospermum japonicum
126.アケボノソウ Swertia bimaculata

ムラサキ科
127.タチカメバソウ Trigonotis guilielmi

シソ科
128.ヒメシロネ Lycopus maackianus
129.ラショウモンカズラ Meehania urticifolia
130.カキドオシ Glechoma hederacea
131.ウツボグサ Prunella vulgaris
132.ミヤマトウバナ Clinopodium sachalinensis

アカネ科
133.ツルアリドオシ Mitchella undulata
134.クルマバソウ Asperula odorata

オミナエシ科
135.オトコエシ Patrinia villosa

ウリ科
136.スズメウリ Melothria japonica

キキョウ科
137.タニギキョウ Peracarpa carnosa

キク科
138.オクモミジハグマ Ainsliaea acerifolia
139.ヨモギ Artemisia princeps
140.ノコンギク Aster ageratoides
141.モミジガサ Cacalia delphiniifolia
142.ヨブスマソウ C. hastata v. orientalis
143.ダキバヒメアザミ Cirsium amplexifolium
144.ノアザミ C. japonicum
145.ナンブアザミ C. nipponicum
146.ノハラアザミ C. tanakae
147.ニガナ Ixeris dentata
148.オタカラコウ Ligularia fischeri
149.メタカラコウ L. stenocephala
150.フキ Petasites japonicus
151.ハンゴンソウ Senecio cannabifolius
152.アキノキリンソウ Solidago virgaurea
153.ヤブレガサ Syneilesis palmata

ヒメザゼンソウって、なにもの？

ハンノキ・ハルニレ林下の野草群落の調査を開始してから三年目、初秋の調査のときだった。いつもの調査区にはいって、早速、仕事にかかろうとしたとき、S夫人がスットンキョウな声をあげた。

「まあ、このあたりの土、いちめんにほりかえしてあるわ。だれがこんなイタズラをしたんでしょう？」　いわれてみると、なにものかが、なにかをほり出した跡である。しかし、穴はそこいらじゅう一面で、人のしわざとは思えない。その異様な荒し方に、私は一瞬、なにか気味のわるいものを感じた。そのほりかえした張本人が、藪かげから私たちをうかがっているような気がした。S夫人は、ほりかえされた穴をたんねんに調べている。

「これ、ヒメザゼンソウの玉だわ」

「玉？　あのユリ根のような玉ですか？」

「いいえ、なんといったらいいのかしら。花が咲き終わったあとにできる実《み》で、来年、ここから芽が出るのですよ。」

ヒメザゼンソウの花（右）と葉（左）

「花の実が、どうして、土のなかにあるのですか？」
S夫人も、わからないという。私は、根っこをみて、ヒメザゼンソウと断定したS夫人の眼力に敬服しながら、一方で、少し疑いの気持ちも残っていた。そこで、研究室のK技官（盆栽づくりの名人）に、ヒメザゼンソウを鉢植えにして、その生活史をしらべるよう指示した。Kさんは、鉢のなかに湿地林の土壌を再現する、という問題に苦労していたが、工夫を重ね、ついにその培養に成功した。湿った土の鉢のなかで、ヒメザゼンソウは見事に花を咲かせ、やがて、ハンノキの球果《きゅうか》をおもわせるような実をつけた。その果梗《かこう》が、日数を経るにつれてわん曲し、なんと、土のなかにもぐっていったのである。S夫人がいった「ヒメザゼンソウの玉が土のなかにある」ことは実証された。

冬眠からさめたツキノワグマは、まず最初に、ヒメザゼンソウやミズバショウの葉を食べる。腸に詰まっている老廃物を排泄するための下剤として利用しているらしい。雪どけごろのハンノキ林を歩くと、いたるところに、排泄したばかりの、クマの糞をみる。

福岡イト子『アイヌ植物誌』には、「ミズバショウはイソキナ（クマ・草）と呼ばれている。穴から出た後の親グマが、有毒の新芽を食べて、穴ごもり中、腸につまった脂肪分を一

ツキノワグマの糞　冬眠からさめて間もないころ

気に排泄させると言い伝えられている」とある。また、同書によると、ヒメザゼンソウはエペレキナ（仔グマ・草）とも呼ばれている。ヒメザゼンソウの根を煮てやると、仔グマはよろこんで食べるのだそうだ。

ツキノワグマやヒグマがミズバショウやヒメザゼンソウを食べるということは、クマが冬眠する、という習性を獲得したことと関係がある、と私はみている。もし、冬眠しなければ、こんな、下痢をおこすような草を食べることはしないだろう。

ツキノワグマの食べものをしらべてみると、すべて、人が食べるものとおなじである。人もクマも、雑食性で、食性は似ている。唯一のちがいは、人はヒメザゼンソウやミズバショウの葉を食べないことである。

高橋秀男監修『野草大図鑑』によると、ヒメザゼンソウは、北海道、本州と、朝鮮半島に分布し、中国やロシアにはないらしい。日本列島準特産のような植物で、本州では日本海側に多いという。ミズバショウは、北海道、本州（中部以北）とサハリン、千島、カムチャッカなどの北方海岸域に分布する。

一方、ツキノワグマは、ヒマラヤ、インドシナ半島、中国から、ロシアのウスリー、アムールにまで、大陸に広範囲に分布している。日本列島には、おそらく氷河期に、朝鮮半島を経由してはいってきたと思われる。大陸には、ヒメザゼンソウもミズバショウもないから、ツキノワグマは、日本列島にきて、はじめてヒメザゼンソウやミズバショウに遭遇したことになる。ヒメザゼンソウやミズバショウは、ツキノワグマの生活にとって、いまや欠かせない薬草になっている。

おそらく、クマの先祖は、ふるさとの大陸で、冬眠する習性を獲得し、その対応策として、冬眠あけに、サトイモ科の植物（毒草が多い）を下剤（整腸剤）として利用する技術も身につけるようになったのだと思う。そういう習性があったから、日本列島にきたとき、すぐ、ミズバショウやヒメザゼンソウを食べることができたのだろう。

（注）ツキノワグマがなぜ冬眠するようになったのか。これについては『森林インストラクター――森の動物・昆虫学のすすめ――』（八坂書房）のなかで、私の見解を述べてある。

ツキノワグマが日本海側のブナ帯を生活の拠点にしているのは、ミズバショウ、ヒメザゼンソウの存在とも無関係ではない、と思う。ヒメザゼンソウは、ブナの森のなかの、ハンノキ湿地林に生活の拠点をおいている植物である。したがって、ツキノワグマも、秋になるとまた、ヒメザゼンソウやミズバショウが生えるようなハンノキ湿地林の近くに帰ってくる。田代では、ハンノキ湿地林のまわりのブナの森で、幹に空洞のある、でっかいブナの老木で越冬しているようだ。

ハンノキ林の哺乳動物を観察する
―野草・灌木群落の存在意味を考える―

植物と動物のかかわり

田代川ぞいのハンノキ・ハルニレの森には、どんな動物が生息しているのであろうか。そして、野草・灌木は、どんな意味をもって、動物たちとかかわっているのだろうか。観察記録からまとめてみた。

①シシウド：鬼首《おにこうべ》のAさんの話によると、クマは好んでサク原に現われるという。サクとは、オオハナウドとシシウドをさす。この場合、クマが好んで食べるのは、おそらくシシウドのほうだと思う。オオハナウドは、人間にとっても山菜にならないが、シシウドは、うまくあく抜きすれば、いい山菜になる。

②ヒメザゼンソウ：雪どけとともに、巻き葉を展開してくるが、六月には葉は枯れ、七月になると、地ぎわに、黒紫色の、小さな仏焔苞《ぶつえんほう》をもった花を咲かせる。ツキノワグマは、冬眠からさめると、ヒメ

ザゼンソウの葉を好んで食べ、秋には地中にある実《み》をほり出して、さかんに食べる。

③木の実：ツキノワグマは、初秋になると、ヤマブドウやサルナシの実を好んで食べる。また、クリの実も大好物である。秋十月になると、ナラの木に登って、ドングリをおなか一杯になるまで食べる。冬眠越冬の準備である。ブナの実も食べるが、ブナは五、六年に一度しか豊作にならないので、毎年、ブナの実をあてにすることはできない。ナラ類のドングリのほうが、頼りになる。

④ノウサギ：田代川ぞいのハンノキ・ハルニレ林は、野草や灌木の宝庫である。これらの野草と灌木は、ノウサギをはぐくむ。積雪期は、タラノキ、クマイチゴ、ヤマハギをよく食しており、つよい嗜好《しこう》性のあることがわかる。そのほか、フジ、カスミザクラ、コナラ、タニウツギ、ナツハゼ、モミジイチゴ、ノリウツギ、ミズキなどにも、よく食痕がみられる。ノウサギはまた、山頂部近くの、野草の繁茂するコナラの疎林《そりん》にも多い。

田代川のハンノキ・ハルニレ林の上空を、クマタカや、ときにイヌワシが通過するのを見かけることがある。これらの大型ワシ・タ

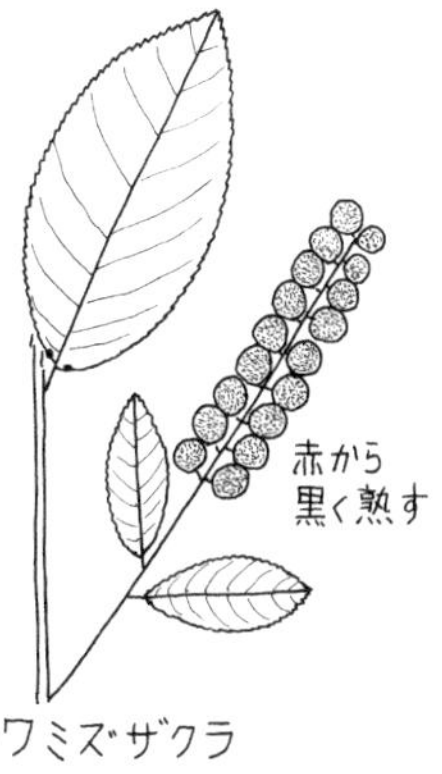

カ類は、田代の湿地林や山頂近辺のコナラの疎林で、ウサギ狩りをしているのではないか、と思う。

⑤テン：ヤマブドウやサルナシの実、ウワミズザクラの実は、テンの好物である。夏から秋にかけての、テンの糞には、サルナシやウワミズザクラのタネがたくさん含まれている。沢すじの、カツラ、トチノキの大木の洞は、テンの子育ての場所、あるいは休憩の場所となっている。また、テンは木登りがうまい。好んでエゾヤマザクラやウワミズザクラの木に登る。サクラ類への、つよい嗜好がうかがえる。

⑥カモシカ：低木性のイヌガヤは、低木性のイヌツゲやアオキをともなって、ゆるい常緑灌木群落を形成する。これらの葉は、冬のカモシカの餌になる。また、落葉広葉樹の冬芽（ブナ、ウワミズザクラ、リョウブ、ツルアジサイ、ノリウツギ、カエデ類、ガマズミ、コナラなど）も餌にしている。カモシカは、春から夏にかけては、沢ぞいのウワバミソウ（ミズ）を好んで食べる。

⑦クマイザサ群落：湿地帯のハンノキ林の下から、傾斜地の

上＝テン　冬毛は美しい黄色となる
下＝テンの糞　ウワミズザクラのタネが含まれていた

コナラ林の下まで、かなり異なった環境下に広く出現している。背丈は一・五メートルほどになる。年間をつうじ、葉を茂らせているので、群落内では野草は発達しない。かなり密な植生となるので、ツキノワグマの隠れ家となる。五、六月にタケノコを生産する。それはまた、ツキノワグマの食料となる。

⑧野ネズミ：クマイザサ群落は、ハタネズミのすみかとなる。ブナの森でも、ハタネズミが生息できる場所のあることがわかる。体の露出をきらうハタネズミは、ササ群落から出ることはない。ハタネズミは、個体数が多く、また味もよいらしい。森の肉食動物やフクロウ、中型ワシ・タカ類の基本食料となっている。

田代の湿地林でトラップを設置すると、ハタネズミのほかに、アカネズミも採れることがある。また、野鳥のために設置した巣箱で、ヒメネズミが繁殖したことがある。アカネズミやヒメネズミは、木の実や昆虫を食べる。ヒメネズミが繁殖した巣箱には、秋、コナラのどんぐりやカンボクの実が搬入されていた。

ヒメネズミ　野鳥の巣箱を占領して、子育てにはげんでいた

⑨イワナ：田代川やイワナ沢は、幅一～二メートルの小川であるが、イワナの宝庫になっている。ある日、鳴子のR老と、田代の樹木を勉強していた。昼食後、R老は、川のなかにはいって、なにやらさがしていたが、大きなイワナを二匹も手づかみしてきたのには、おどろいた。ツキノワグマも、こんなふうにイワナ採りをしているのではないか、と思う。

⑩リス：オニグルミの樹林の近くに小さなスギ林やアカマツ林があると、リスが生息する。オニグルミの実は大好物だし、スギやアカマツの常緑樹林は隠れ家となる。木の実がない春から初夏にかけては、オニグルミの葉につく虫を食べている。蛾《が》の幼虫も、リスにとっては、だいじな食料となる。

⑪総括：田代川ぞいのハンノキ・ハルニレの森を代表する動物を一種あげるとすれば、ツキノワグマ、ということになる。そして、ツキノワグマを支えている植物といえば、冬眠あけの整腸剤として食べるヒメザゼンソウ、日常の隠れ家であるクマイザサ（これはクマの食料である

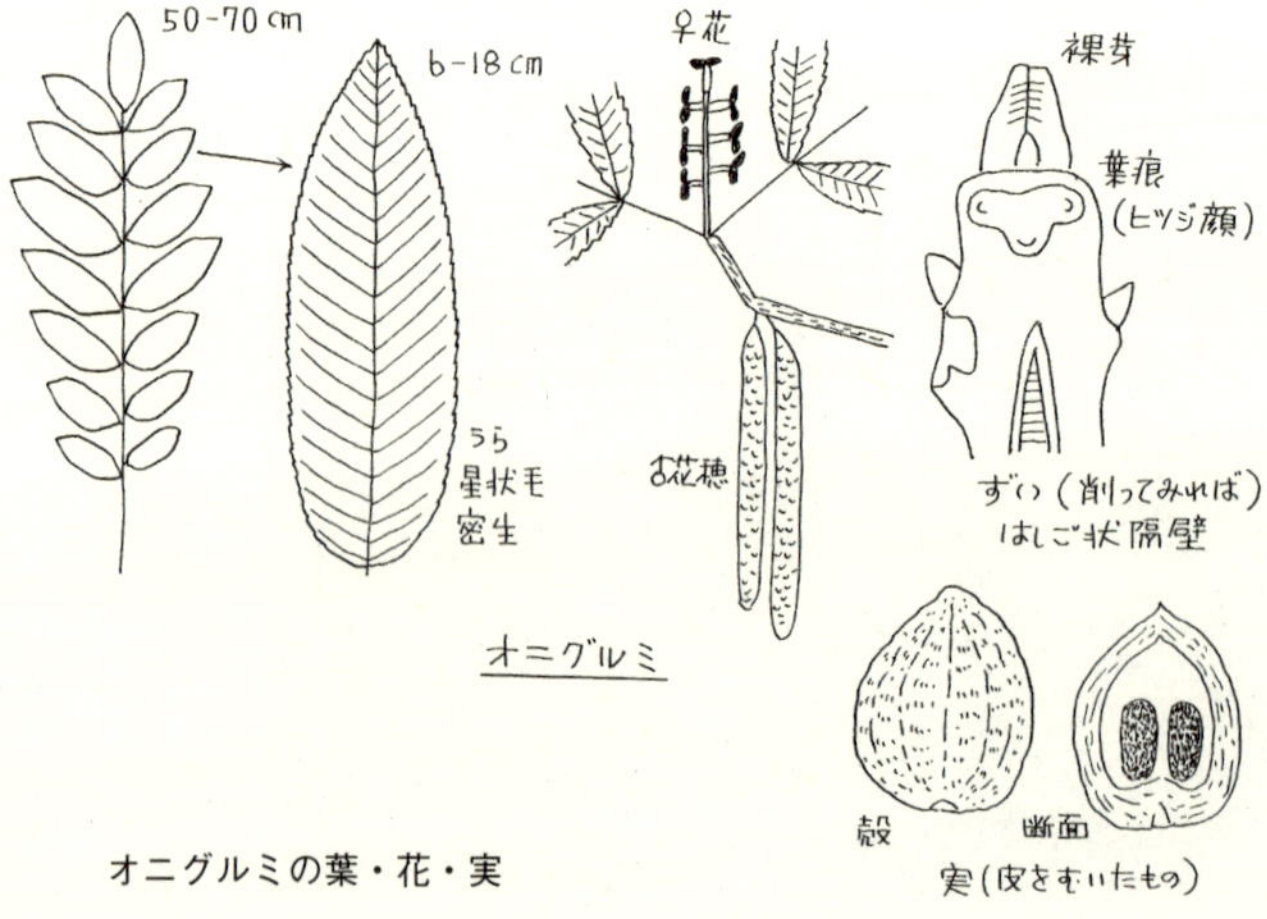

オニグルミの葉・花・実

タケノコも生産する)、そして、冬眠準備のための食料(ドングリ)を提供するナラ類と、冬眠場所(木の洞)を提供するブナの老木、の四つをあげなければならない。その四者がセットになって存在するところに、田代川の森の大きな存在意味がある。

森の魅力を模式図的に描く

田代川ぞいのハンノキ・ハルニレの森の魅力を、ひとくちで語るのは困難であるが、模式図的に表現すれば、案外、全体像がつかみやすいかもしれない。そこでそれを、私なりの見方として、二枚の図に表現してみた。まず、植物社会を中心に描いたものが、図Bである。つぎに、この植物社会のなかで、動物たち(昆虫や野鳥も含めて)が、互いに、どのようにかかわりあって生きているのかを、食物連鎖的に表現したのが、図Cである。

動物社会で基礎を構築しているのは、植物の葉を食べる一次消費者である。その中心になっているのは、ひとつは、樹

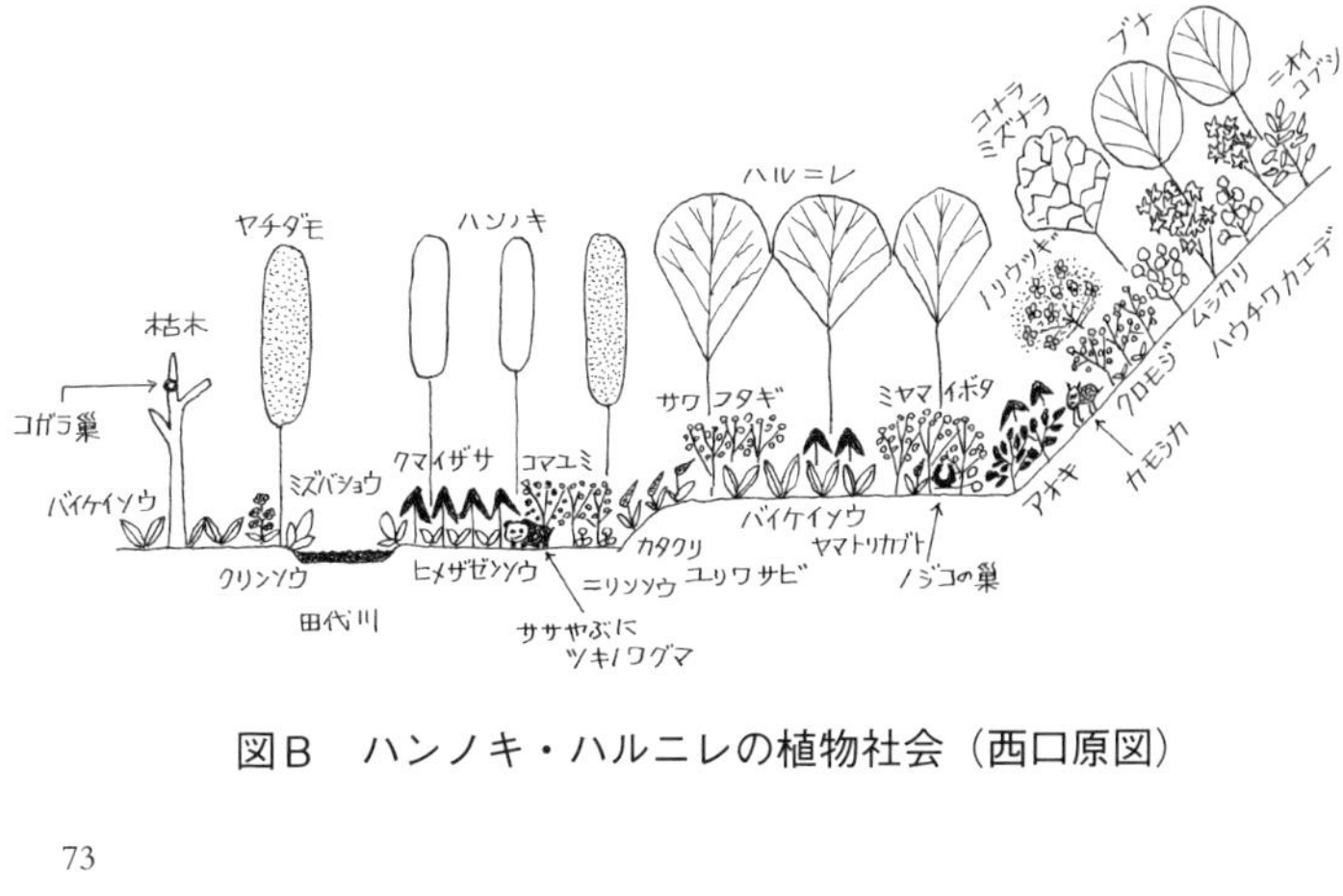

図B　ハンノキ・ハルニレの植物社会(西口原図)

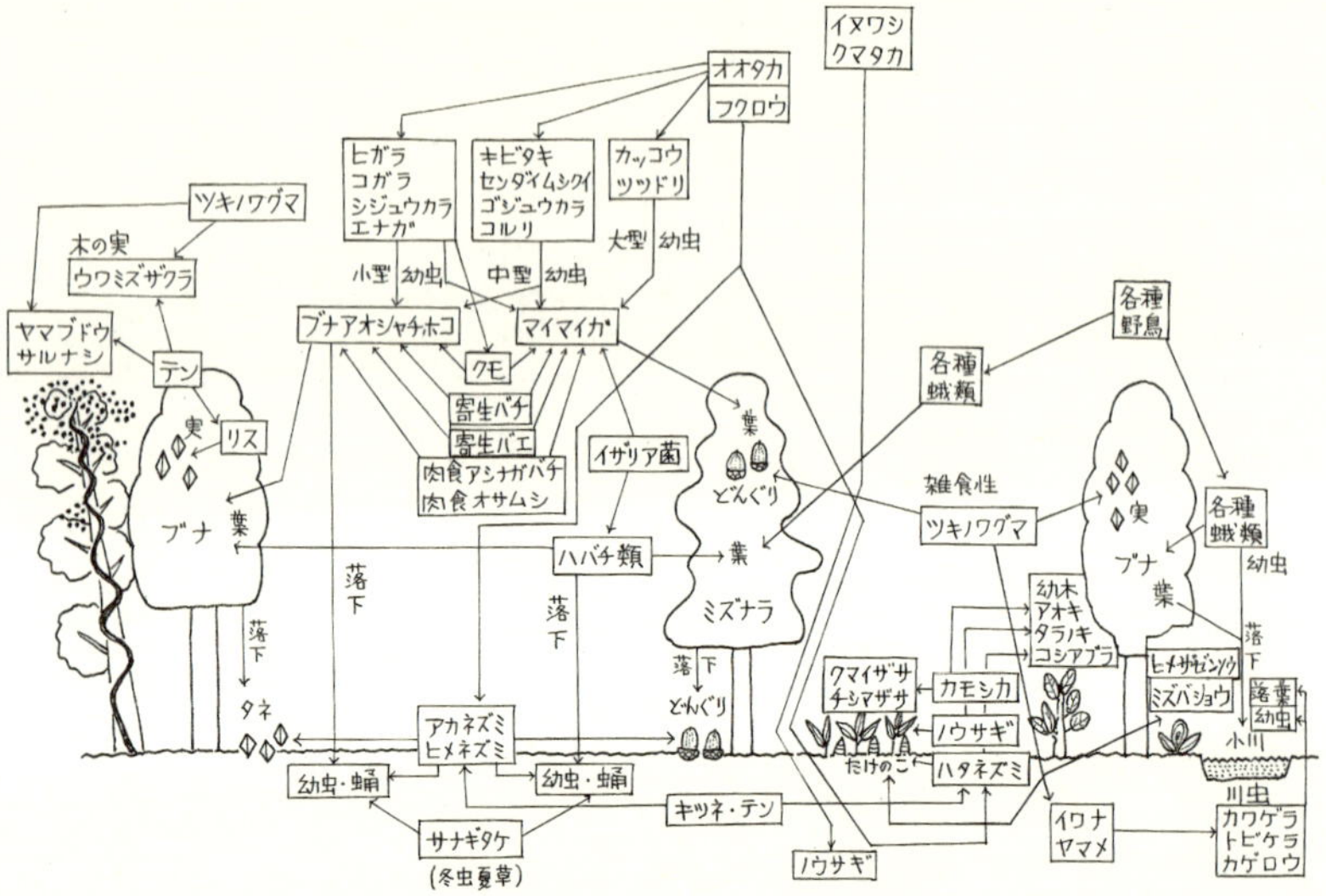

図C　ブナの森の食物連鎖（西口原図）

木の葉を食べる蛾類であり、もうひとつは、草食性の野ネズミである、と考えてよいだろう。どちらも、個体数が多く、野鳥や肉食動物の餌としても、栄養価が高いからである。

　ハンノキ・ハルニレの森には、多種類の蛾が生息しているが、いまのところ、その森を代表する蛾の種類を特定できないでいる。そこで図Cでは、ブナの葉を食べる蛾の代表としてブナアオシャチホコを、ミズナラの葉を食べる蛾の代表としてマイマイガを、代役として抜擢《ばってき》した。

　これらの一次消費者を中心にして、植物との関係や、天敵との関係が生まれてくる。森のなかでは、生きものたちのドラマがくり広げられている。このドラマが、ブナやハンノキ・ハルニレの森の魅力を生み出す、ひとつの原動力になっている。

ハンノキ林の腐朽菌をしらべる
―枯れ木分解キノコ―

ブハハ会

東京の、ある出版社のグループがやってきた。そのグループの名は「ブハハ会」。「ブハハ」のブはブナ、まん中のハはハンノキ、最後のハはハルニレを意味する。じつは、このグループは、鳴子鬼首《おにこうべ》・田代川ぞいのハンノキ・ハルニレの森に魅せられて、とうとう「ブハハ会」という、変な名前の会までつくってしまったのだ。

いまから六年まえ、『ブナの森を楽しむ』という本を出版したとき、その本の編集を担当されたMさんが、「ブナの森をこの目で見てみたい」ということで、仲間をひきつれて、宮城県にやってきた。みなさん、環境問題には関心をもっていたが、樹木となるとチンプンカンプンだった。

私はまず、栗駒山麓・花山村のブナの森へ案内した。ブナ、トチノキ、カツラの大木をみて、みなさん、すっかりブナ党になってしまった。ランプの宿にとまり、夜のミーティングで樹木の勉強をしてから、暗闇の露天風呂で疲れを癒《いや》した。

翌日は、鳴子町にはいって、田代川ぞいのハンノキ・ハルニレの森を案内した。この森には人が歩く道はない。背をまるめて、ササ藪のなかの「けもの道」を歩いた。ササ藪のなかでも、下をみて歩けば、細い道がつづいている。けものの気持ちがわかるような気がしてくる。

小川にかかった一本のヤチダモの丸太を、こわごわ渡る。小川には、ところどころに小さな淵ができていて、水は青く澄んでいる。イワナの影が走った。「イワナだ、イワナだ！」みんな興奮してくる。

ヤマトリカブトの草原を、草をかきわけて進んだ。ヤチダモの根方から湧き出る泉で水を飲む。しばらく行くと、甘い香りがただよってきた。トチノキの大木にからんだ、太いサルナシだった。蔓から実《み》を摘んで食べる。このサルナシの実は、甘くておいしかった。

コナラの幹に刻まれた、新しいクマの爪跡をみて恐怖を感じる。このあたりのコナラ林は、どんぐりを食べるために、クマが木登りをするのだ。この森の王様の木をみる。でっかいブナだ。幹には大きな空洞がある。ツキノワグマが冬眠に利用している木だ。

コナラの倒木にムキタケが発生しているのを発見。ムキタケは、毒キノコのツキヨタケと似ている。傘の柄を裂いてみて、黒いしみがあればツキヨタケだ。みなさんにしらべてもらう。黒いしみはなかった。キノコは、食菌も毒菌もあるが、ほんとうの任務は、枯れ木を分解して、土にもどすことにある。キノコが存在しなければ、森は枯れ木の山になるだろう。そんな話をする。みなさん、生態系における分解者としての、キノコの存在意味を知る。

帰り道は、クマの恐怖も消えて、キノコ探しとなった。生きたサワグルミの、幹の腐朽部分にヌメリスギタケが出ていた。これも、おいしい食菌だ。画家のSさんは、ムキタケの、虫食いのない、きれいなキノコを見つけた。四、五個ほど、ポリエチレンの袋にいれて、もち帰った。しばらくして、絵はがきが送られてきた。ムキタケがスケッチされていた。絵にそえた文には、バター炒めにして食べました、とてもおいしかったです、とあった。

一行は、車で東京に帰ったが、車のなかで、採集した葉をみながら、名前あてをして、遊んだ。ブナ、ハンノキ、ハルニレと、木の葉の名前をくり返し叫んでいるうちに、ブハハ会の名ができあがった、という。

優美で、静かなブナの森もすばらしいが、楽しくて、恐怖もあり、渓流魚もキノコも、おいしい水も、サルナシも、つまり、なんでもあって、雑然としている、ハンノキ・ハルニレの森に、みなさんは、いままで味わったことのない、ふしぎな感情を味わった。これが、ハンノキ・ハルニレ林の魅力の内容だ。これが、ほんとうの野性がもっている魅力なのだ。

ブナの森の魅力のひとつにキノコがある。ブナの森には、キノコの種類が多い。都会の人だって、スーパーの棚で、シイタケやヒラタケ（しめじ、という名で売られている）など、さまざまなキノコをみる。しかし、見なれたシイタケでも、自然のなかで、倒木や枯れ木に出ている実物をみると、まちがいなく、感動をおぼえる。そして、「これ、本当のシイタケ?」と確認したくなる。キノコとは、そういうものなのだ。

ひとりの山男がやってきた

湿地のハンノキはよく枯れる。木は枯れると、木材腐朽菌《ふきゅうきん》（キノコ）による分解がはじまる。キツツキが枯れ木に巣穴をつくるのは、材が腐朽菌に侵され、軟らかくなって、穴がほりやすくなるからだ。とくに、ハンノキの材は腐りやすい。だから、コガラやゴジュウカラでも、巣穴がほれる。

では、ハンノキの枯れ木には、どんな腐朽菌がつくのだろうか。

東北大学農学部農学科の学生だったH君は、コメやムギの研究より、森林の研究がしたい、ということで、私の研究室にやってきた。私は、とっさに、木材腐朽菌の研究をやらせてみよう、と思った。そのころ私は、「森のなんでも研究」のひとつとして、樹葉につく病原菌（カビ）の研究をしていて、標本を採集するために、毎日のように、演習林の山を歩いていた。だから、かれを同行して、キノコを採集させれば、自然にデータが集まるはず、と考えた。

しかし、どんな森林研究でも、基礎知識として、樹木がわからなければ、ことははじまらない。農学科の学生であるかれは、そんな訓練を受けていなかった。だから、まずは、樹木教育からはじめる必要があった。

かれは、暇ができると、仙台から鳴子へやってきて、農場宿舎に泊まりながら、私の山歩きについてきた。かれは、みるみるうちに樹木の名前をおぼえてしまった。そして、これで大丈夫、と確信がもてたところで、キノコ研究を開始した。

三年生のうちに、できるだけ単位をとってしまい、四年生になると、山歩きに集中するようになった。かれは、もともと登山が好きで、それも単独行をしていたので、演習林の山をひとりで歩くのは平気だという。しかし私は、かれに研究室のY技官をはりつけた。Y技官は、演習林の山を知りつくしているし、それに鳴子町の山岳遭難救助隊の一員でもあった。

研究は、どんな樹種（枯れ木）に、どんなキノコが、どのていど発生するか、という観察記録からはじめた。山々をかけめぐり、森のなかのけもの道を歩き、キノコをさがしてノートに記録する、という単純作業のくりかえしである。かれは、演習林の山だけでなく、鳴子の主な山々にも足をのばし、データを集めてきた。

キノコの種の同定は、図鑑類によった。最近は、立派なキノコ図鑑がいろいろ出版されていて、おおよそのものは同定できる。しかし、不安なものは、正確を期すために、国立林業試験場（現・森林総合研究所）の専門家にみてもらった。

そして、卒論はできあがった。その論文は、のち、H君を筆頭者として、私とY技官の三名連名で、農場報告に掲載された（袴田哲司・西口親雄・遊佐文博：ブナ帯森林の木材腐朽菌相―東北大学農学部附属農場山林での調査から―、川渡農場報告三、一九八七）。

ハンノキの腐朽菌相をしらべる

a　軟菌か硬菌か

H君は、その論文で一〇八種のキノコ（枯れ木分解菌）を記録した。それを、分類学的に配列し、その分解樹種（枯れ木）と観察回数を一覧表にまとめた。

今回、『ハンノキ物語』を書くにあたり、そのデータを参考にしながら、ハンノキやハルニレの、枯れ木を分解するキノコ群に、なにか特異性のようなものがあるかどうか、考えてみた。もし、特異性があるとすれば、それは、隣接するブナ林やナラ林のキノコ相と比較することによって、浮き彫りにすることができるかもしれない。

しかし、キノコの種類を羅列するだけでは、特徴はつかめない。そこで、生態学的手法にならって、樹種別のキノコ相の特徴を、優占種、亜優占種、表徴種で表現することにした。ただ、それだけでは、なんとなく、ありきたりだ。なにか、私自身の発想をいれて、問題に切りこみたい。そこで、ふだんから興味をもっていた「軟菌《なんきん》か硬菌《こうきん》か」という発想を導入することにした。

軟菌は、一週間もすれば形が崩れてしまうキノコで、食毒に関係するものが多く、キノコ採りの対象となるものである。担子菌類《たんしきんるい》のうちのマツタケ目のほとんどと、子のう菌類のすべては軟菌を生産する。

硬菌は、形の崩れにくいキノコで、担子菌類のうち、ヒダナ

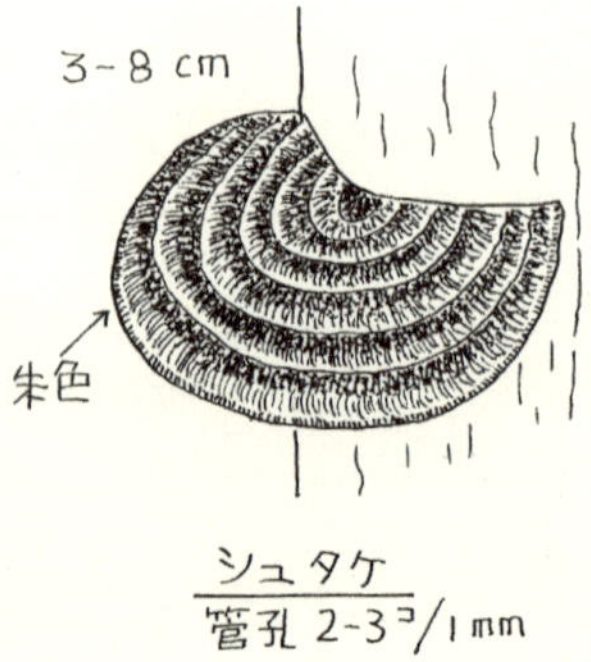

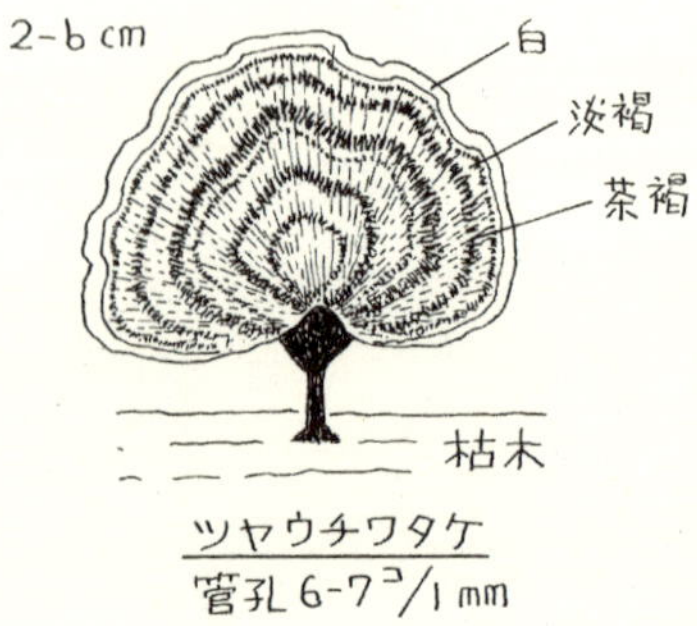

シタケ目（傘のうらがヒダ状ではなく管状のものが多い）のほとんどが硬菌を生産する。一年生のキノコでも、冬が来るまでは形がしっかりしている。多年生キノコは、一つの子実体《しじつたい》が木質・多層化し、なん年も胞子を生産する。大型のサルノコシカケは多年生のものが多い。

硬菌は、進化したグループで、枯れ木分解能が高い、と私は考えている。そこでこの本では、樹種別の菌相の特徴を示すひとつの方法として、全キノコ種数に対する硬菌種数の割合を硬菌率として示すことにした。

b　多犯性か狭犯性か

枯れ木につくキノコは、枯れ木であればなんでもよい、という多犯性キノコ（なんでも屋）と、あるきまった樹種にだけつく狭犯性キノコ（こだわり派）が存在する。そこで、H君の論文から、発生頻度《ひんど》の高いキノコ二三種について、その多犯性度を、つぎの三段階にランク分けした。

記録された寄生樹種数：一～二　狭犯性
〃　：三～五　弱多犯性
〃　：六以上多数　強多犯性

このような、硬菌率と多犯性度をひとつの目安として、①湿地林に出てくるハンノキ、ヤチダモ、ハルニレの三種、②渓畔林に出てくるサワグルミ、トチノキの二種、③傾斜地に出てく

ハンノキの幹肌

るブナとコナラの二種の、合計七樹種について、キノコ相の特徴をしらべてみた。結果は左記のとおりである。

①湿地林

★ハンノキ：記録菌種数一五種、硬菌率〇・八

　菌群型　チャミダレアミタケ―カワラタケ型

　一年生硬菌型、表徴種チャミダレアミタケ

軟菌（担子）　ワサビタケ1、スエヒロタケ1、ヌメリスギタケ1

硬菌　ウスベニウロコタケ1、スミレウロコタケ1、カワラタケ3、アラゲカワラタケ1、ハカワラタケ2、サカズキカワラタケ1、ヤキフタケ1、ホウロクタケ1、チャカイガラタケ1、チャミダレアミタケ12、カイガラタケ2、オツネンタケモドキ1

キノコ名のあとの数字は記録回数を示す。記録回数のもっとも多かったのはチャミダレアミタケの一二回、ついでカワラタケの三回であった。では、記録回数の多かったチャミダレアミタケとカワラタケは、どんなキノコなのだろうか。

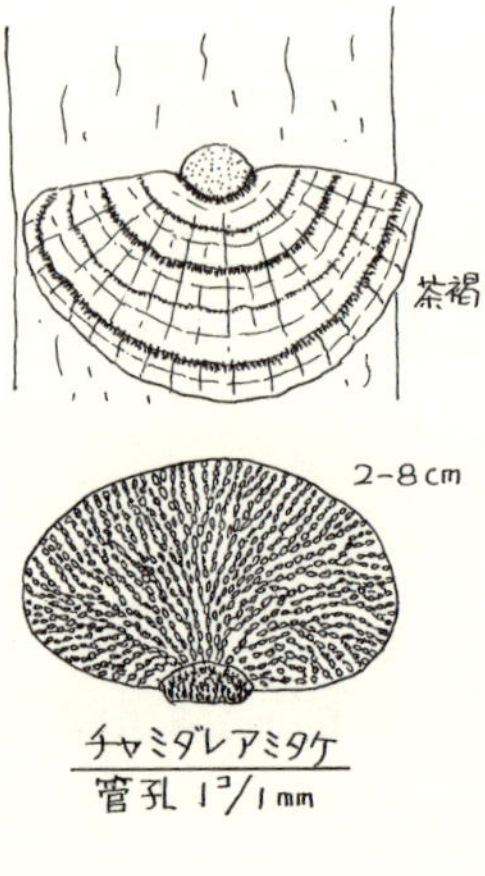

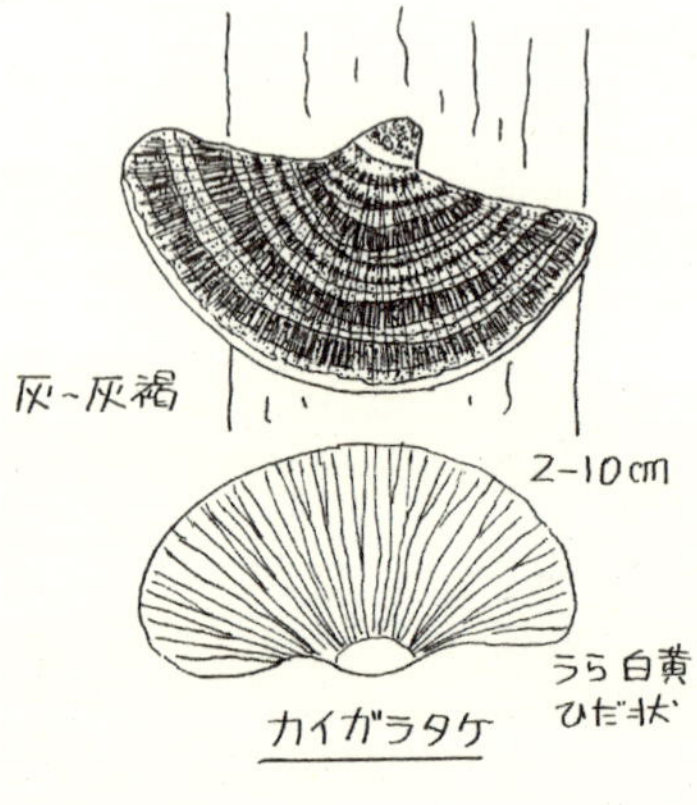

H君の論文によると、チャミダレアミタケは、ヤマハンノキ、ハンノキ、ブナ、トチノキの四樹種からみつかっており、なかでもハンノキからの記録は一二回と、いちじるしく多かった。チャミダレアミタケは、前述のランキングでは弱多犯性にはいるが、ハンノキに強い嗜好性のあることがわかる。このような特定の樹種につよい嗜好性を示す菌種を、表徴種として示しておく。

一方、カワラタケは、一四の樹種から記録されており、きわめて多犯性のキノコで、典型的な「なんでも屋」である。

ハンノキにつくキノコは、総体的にはカワラタケ類、カイガラタケ類、ウロコタケ類など、一年生の硬菌がほとんどであった。このようなキノコ相を、一年生硬菌型と表示しておく。

高橋郁雄『北海道きのこ図鑑』は、キノコを寄生樹種別に配列するなど、生態的な面にも大きな配慮がはらわれている、すぐれた図鑑である。その図鑑から、ハンノキの枯れ木に寄生するキノコをさがしてみたところ、チャミダレアミタケ、ミダレアミタケなど、五種を拾うことができた。

★ヤチダモ：記録菌種数五種、硬菌率〇・四

菌群型　不明

軟菌（担子）　ブナシメジ1、イヌセンボンタケ1、ヒラタケ2

硬菌　カワラタケ1、オツネンタケモドキ1

記録されたキノコの種数も観察回数も少なく、キノコ相の特徴は把握できなかった。『北海道きのこ図鑑』には、チャミダレアミタケ、ヤニタケの二種の記録があった。

★ハルニレ：記録菌種数七種、硬菌率一・〇

菌群型　ヤキフタケ―オツネンタケモドキ

一年生硬菌型、表徴種ヤキフタケ

軟菌　なし

硬菌　ウスベニウロコタケ1、ハカワラタケ1、サカズキカワラタケ1、ヤキフタケ4、コゴメウスバタケ1、アシグロタケ1、オツネンタケモドキ2

記録回数のもっとも多かったヤキフタケは、ハルニレが四回でもっとも多く、あとはヤマハンノキ、ハンノキ、ブナの一～二回であった。弱多犯性の菌であるが、ハルニレ林を指向している菌と考えてよいだろう。みつかった菌数が多くないので、はっきりとはいえないが、ハルニレの菌相は、ハンノキとおなじく、一年生硬菌型と表示しておく。

ただし、東北大学の山林では記録されなかったが、ニレ類の木材腐朽菌としてよく知られているものにタモギタケ（軟菌）がある。とくに北海道に多い。宮城県では、北泉ケ岳山麓の桑沼《くわぬま》周辺のオヒョウニレにもよく発生する、という話を聞いたことがある。そこでまた、『北海道のきのこ図鑑』をしらべてみたところ、ニレ類の木材腐朽菌として、左記の六種が記録され

ヤチダモ（右）とハルニレ（左）の幹肌

ていた。

タモギタケ、シロタモギタケ、クサミノシカタケ、ホシアンズタケ、シブイロスギタケ、ニレサルノコシカケ、ニレサルノコシカケ。このうち、ニレサルノコシカケをのぞいて、ほかの五種は軟菌である。だから、ハルニレの菌相を一年生硬菌型と一般規定するのも、問題があるかもしれない。

②渓畔林

★サワグルミ：記録菌種数一二種、硬菌率〇・五八

菌群型不明

一年生硬菌・軟菌混合型

軟菌（担子）　ワサビタケ1、ニガクリタケ1、ヌメリスギタケ1

〃（異担子）　シロキクラゲ1、ムカシオオミダレタケ1

硬菌　チャウロコタケ1、シワタケ1、カワラタケ2、アラゲカワラタケ1、ウスバタケ1、ヤケイロタケ2、アナタケ1

いろいろ菌種がみられたが、とくにサワグルミに好んでつく、というキノコはないようだ。菌相は一年生硬菌・軟菌混合型と

ナラタケ（右）とヌメリスギタケ（左）

表示したい。。私は、ヌメリスギタケという、おいしい食菌をたくさん採った記憶がある。

★トチノキ：記録菌種数一〇種、硬菌率〇・三

菌群型不明

軟菌型

軟菌（担子）　ナラタケ1、ムキタケ1、ヒラタケ1、ヌメリスギタケ2、センボンイチメガサ1、チャホウキタケ1、ヤマブシタケ1

硬菌　アカコウヤクタケ1、チャミダレアミタケ1、アシグロタケ1

とくにトチノキを好むというキノコはなさそうだが、ムキタケやヒラタケなど、軟らかい食菌がよく発生するようだ。トチノキも、サワグルミも、軟菌の発生率が高いのは、渓谷ぞいという、湿度の高い環境と関係がありそうだ。

③傾斜地林

★ブナ：記録菌種数二九種、硬菌率〇・六

菌群型　ツリガネタケ－コフキサルノコシカケ

トチノキ（右）とブナ（左）の幹肌

多年生硬菌・優良食菌混合型、表徴種ツリガネタケ

軟菌（担子）　ツキヨタケ4、ナラタケ1、ワサビタケ2、スエヒロタケ1、ヌメリツバタケモドキ3、クヌギタケ1、アカチシオタケ1、エゾハリタケ1

軟菌（子のう）アカコブタケ1、チャコブタケ1

軟菌（異担子）キクラゲ1

硬菌　カタウロコタケ1、カワラタケ2、アラゲカワラタケ4、ヤキフタケ1、ニクウスバタケ1、ウスバタケ1、ホウロクタケ1、オオチリメンタケ2、シュタケ1、コフキサルノコシカケ7、ツリガネタケ12、チャカイガラタケ1、チャミダレアミタケ2、カイガラタケ1、キカイガラタケ1、ウスバシハイタケ1、ヤケイロタケ1、ツヤナシマンネンタケ1

全記録回数は六〇回。うち、ツリガネタケの一二回とコフキサルノコシカケの七回が目立つ。これらは多年生の硬菌である。ブナの菌相は多年生硬菌型といえる。しかし、その一方で、ブ

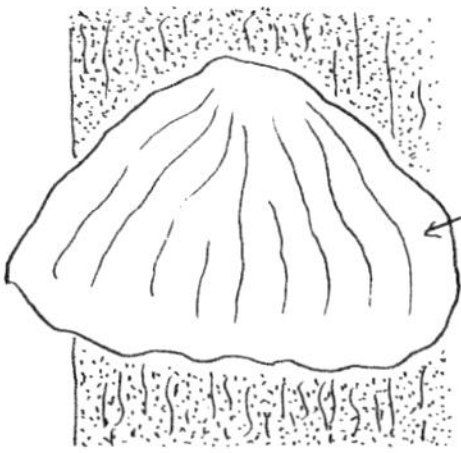

ムキタケ（右）とツキヨタケ（左）

ナの立ち枯れ木には、軟菌のツキヨタケ（毒菌）も目立つ。また、われわれの論文では記録されていないが、ブナ林の本場（鬼首）にいくと、ブナハリタケやナメコなど、ブナの倒木に好んで出てくる食菌（軟菌）も少なくない。ブナのキノコ相は、これらを総合して、多年生硬菌・優良食菌混合型と表示したい。いずれにしても、ブナのキノコ相は、ブナという樹を嗜好《しこう》する、個性のつよいキノコの集団で構成されている、という印象をうける。

★コナラ：記録菌種数四七種、硬菌率〇・五七

菌群型　カワラタケ―ウスバシハイタケ

一年生硬菌・軟菌雑居型、表徴種シロカイメンタケ

軟菌（担子）　コカブイヌシメジ1、サマツモドキ1、ヤブアカゲシメジ2、ナラタケ1、ムキタケ1、ワサビタケ5、スエヒロタケ2、エノキタケ1、イヌセンボンタケ2、ニガクリタケ6、ミドリスギタケ1、チャホウキタケ1、アラゲニクハリタケ1、アセハリタケ1、サガリハリタケ1

軟菌（子のう）チャコブタケ2

軟菌（異担子）シロキクラゲ1、ハナビラニカワタケ1、ツノマタタケ1

軟菌（腹菌）　タヌキノチャブクロ1

コナラの幹肌

硬菌　コガネコウヤクタケ1、ウスベニウロコタケ2、キウロコタケ4、スミレウロコタケ1、チャウロコタケ1、カワラタケ12、アラゲカワラタケ5、ニクウスバタケ1、ホウロクタケ5、オオチリメンタケ1、クロサルノコシカケ1、コフキサルノコシカケ1、マスタケ2、ヒツジタケ1、アミスジタケ1、カイガラタケ8、キカイガラタケ2、ウスバシハイタケ9、アシグロタケ1、オツネンタケモドキ1、オシロイタケ4、シロカイメンタケ5、アナタケ3、エビウラタケ1、ネンドタケ2、エビウロコタケ1、チャアナタケモドキ1

コナラは里山に広く分布している。大学農場の山林も、大部分はコナラの二次林である。したがって、調査に出かけた回数も多い。ここでは、田代湿地林や奥山ブナ林とは対照的な、里山乾燥林の代表としてのコナラ林の菌相、という観点からデータを分析してみる。

記録したキノコの種数は四七、観察回数は一一〇におよぶ。うち観察回数の多いのは、カワラタケ一二回、ウスバシハイタケ九回、カイガラタケ八回、ニガクリタケ六回、ワサビタケ五回、アラゲカ

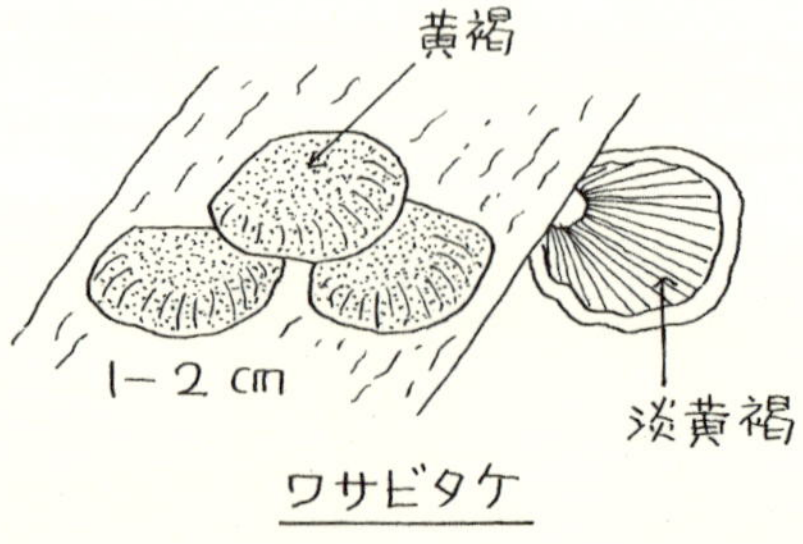

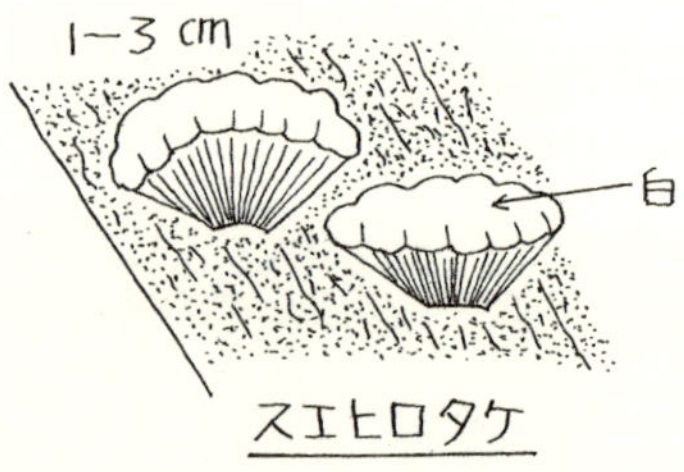

ワラタケ五回、ホウロクタケ五回、シロカイメンタケ五回、とつづく。一年生硬菌が多い。また、四七種のキノコのうち、コナラだけにみられたのはシロカイメンタケだけで、あとは、どこにでもみられる多犯性のキノコたちである。コナラという樹は、多くの、雑多なキノコから好かれていることがわかる。

コナラのキノコ相は、総合すると、一年生硬菌・軟菌雑居型で、別な見方をすると、なんでも屋の集団である。

ハンノキのキノコ相の特徴

以上、七樹種のキノコ相を比較してみると、渓畔林は軟菌型、ブナ林は個性派集団の硬菌・軟菌混合型、コナラ林はなんでも屋集団の雑居型、といえる。これにたいして、ハンノキ林は地味な一年生硬菌型とみなされる。

ハンノキの枯れ木につくキノコ相の特異性という観点からみれば、チャミダレアミタケとミダレアミタケの存在をあげなければならない。両種はともに、ハンノキの枯れ木につよい指向性をもっている。そして、ハンノキの枯れ木を腐らせ、材をもろくさせることによっ

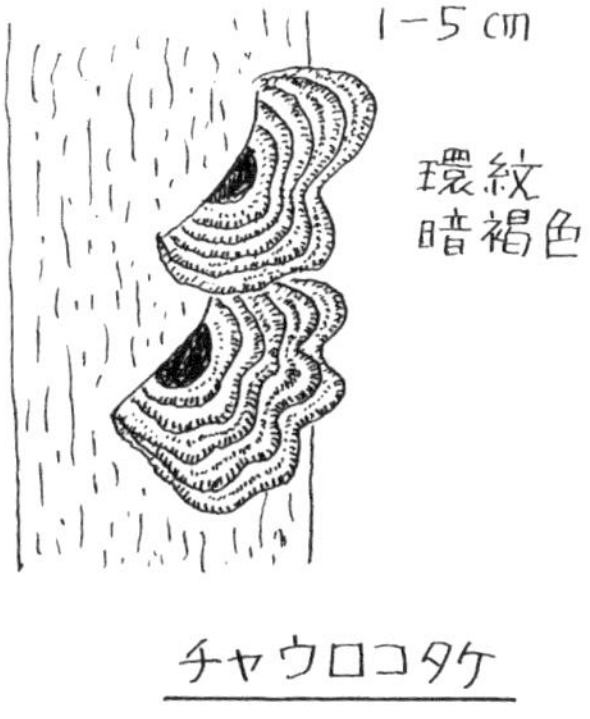

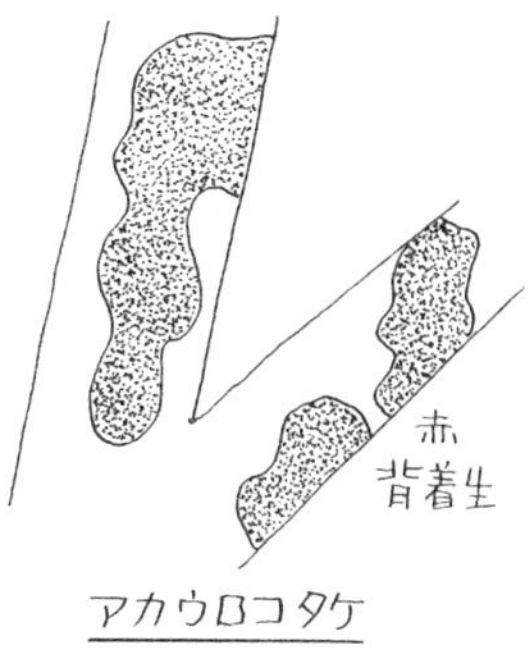

て、コガラの造巣活動を助けている。

コガラはハンノキに好んで出現する。それは、ハンノキの枯れ木がコガラにとって、穴をほりやすいことに原因がある。材のもろさは腐朽菌が関与している。そもそも、ハンノキの腐朽菌をしらべるにいたった動機は、ハンノキの枯れ木を腐朽させるキノコが、どんなキノコなのか、明らかにすることであった。そして、調査の結果、その中心的な働きをしているキノコはチャミダレアミタケであることがわかった。ハンノキ林で活躍するコガラのかげに、チャミダレアミタケというキノコが存在していたのである。

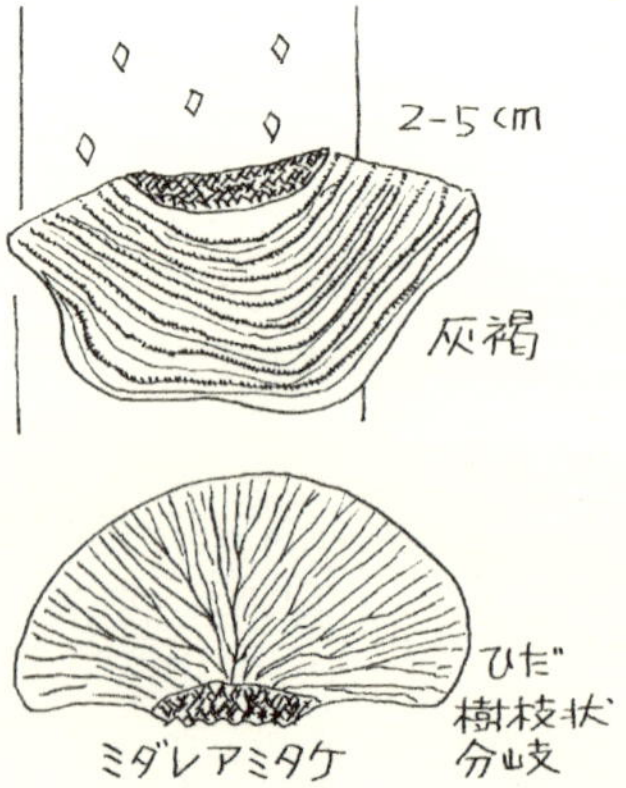

キノコの戦略、虫の戦略
―枯れ木の上での生存競争―

赤腐れ、白腐れ

前節で、主要樹種の硬菌率《こうきんりつ》を考えていて、硬菌と軟菌《なんきん》のちがいが、なにを意味するのか、という問題が、私の頭のなかでくすぶりつづけるようになった。硬菌の代表はサルノコシカケ類である。サルノコシカケは、子実体《しじったい》が木化し、なん年でも生きて、胞子《ほうし》の生産をつづける。サルノコシカケは、どうしてサルノコシカケになったのか。サルノコシカケになることによって、なにか、メリットがあるのだろうか。

木材分解菌の任務は、セルロースとリグニンの分解にある。なかでもリグニンは、もっとも分解困難な成分である。その任務を担当して、森林生態系に出現したのが、キノコ、というわけである。そのなかで、もっとも進化した姿になったのが、サルノコシカケではないか、と思う。

木材は、セルロースとリグニンとヘミセルロースの三者からなる。

セルロースは、植物のすじで、ブドウ糖の分子が何千と、鎖状に連結したものである。分解されればブドウ糖になる。つまり、生きものにとっては、栄養のかたまりみたいなものである。

リグニンは、ブドウ糖を基質とした複雑な形のポリマー（小さな化合物が重合をくりかえしてできた巨大分子の構造物。ゴムは天然ポリマー、ポリエチレンはエチレンからできた人工ポリマー）で、植物細胞壁のセルロースの間隙《かんげき》を詰め、組織強化の働きをしている。リグニンを含む細胞は木化し、硬くなる。

ヘミセルロースは、やはり糖質の化合物である。

この三者は、たとえるなら、セルロースは鉄筋、リグニンは砂、ヘミセルロースはセメントで、三者を混ぜることによって、鉄筋コンクリートの、強固な構造物ができるのである。

これらの硬い構造物は、動物・昆虫には消化できず、分解は糸状菌《しじょうきん》（カビ）が担当している。とくに、担子菌《たんしきん》類は分解能が大きい。セルロース分解は赤腐れに（リグニンが残る）、リグニン分解は白腐れに（セルロースが残る）になる。

では、赤腐れをおこすキノコ、また、白腐れをおこすキノコには、どんな種類があるのだろうか。高橋郁雄『北海道きのこ図鑑』をひもといてみると、つぎのような種類が記録されている。

赤腐れ菌：ハナビラタケ、カイメンタケ、キカイガラタケ、クロサルノコシカケ、ホウロクタケ、カンバタケ、マスタケ、ツガサルノコシカケなど。

白腐れ菌：モミサルノコシカケ、ミヤマトンビマイ、シロサルノコシカケ、マイタケ、ヤマブシタケ、ツヤウチワタケ、チャカイガラタケ、ツリガネタケ、ブナハリタケ、シロアミタケ、ヒラタケ、アシグロタケ、コフキサルノコシカケ、マンネンタケ、カイガラタケ、チャミダレアミタケ、ヤキフタケ、シュタケ、ニクウスバタケ、ヤケイロタケ、チャウロコタケなど。
　リグニン分解菌の多いことがわかる。しかし、リグニンは、分解しても栄養物にはならない。では菌にとって、リグニンを分解する意味はなにか。それは、セルロースの間隙を詰めているリグニンを分解しないとセルロースに到達できないから、セルロースへ到達するための、夾雑物《きょうざつぶつ》除去作戦といえる。つまり、リグニン分解菌といえども、最終目標はセルロースを分解して、栄養物をとることにある。リグニン分解菌は、リグニナーゼとセルラーゼの両方の分解酵素をもっていることが推測される。進化した菌類といえる。

キノコとハエ

　アミノ酸（含窒素《ちっそ》有機物）は生きものには不可欠の成分である。われわれは、それを「うまみ」として感じる。植物体内には、蛋白質か、アミノ酸の形で存在するが、木材のなかには、きわめてわずかしか存在しない。だから、木材を食べて生きていける生きものは、ごくわずかしかいない。そんな

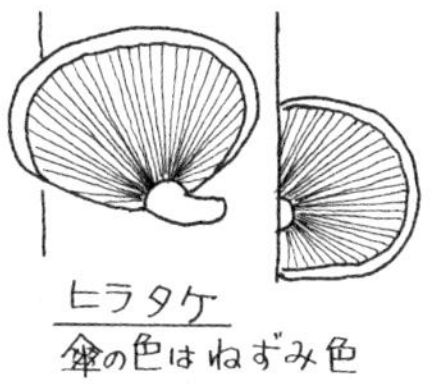

ヒラタケ
傘の色はねずみ色

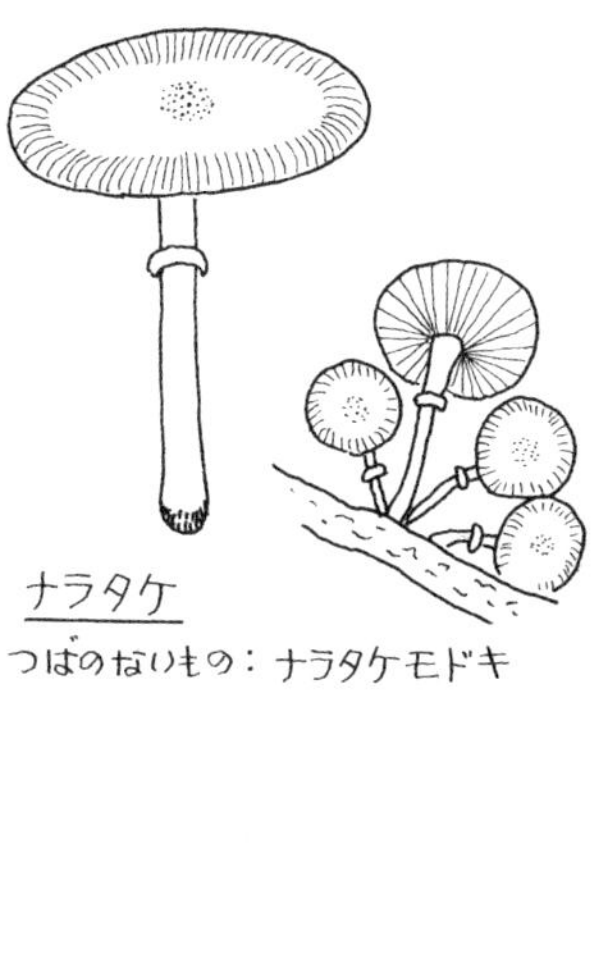

ナラタケ
つばのないもの：ナラタケモドキ

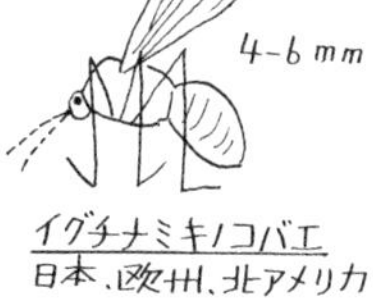

イグチナミキノコバエ
日本、欧州、北アメリカ

なかで、キノコ類は、窒素をとり出す力がつよい。シイタケは、木材のなかの窒素を五〇パーセントもとり出すという。シイタケのおいしさは、アミノ酸の含有量が多いことにある。食菌となるキノコは、みんなアミノ酸の含有量が多いのだろう。

アミノ酸（あるいは蛋白質）は、植物の花粉やタネに多く含まれているが、キノコの子実体にも、多量に含まれている。そのアミノ酸を求めて、多くのキノコバエが集まる。

キノコバエの幼虫（うじ）は、子実体の軟らかい傘の部分を好んで食べる。キノコバエは、キノコ生産者にとっては大害虫である。私はかつて、東北大学農場の研究室で、ヒラタケの栽培実験をしたことがある。栽培で、いちばん頭を悩ましたのは、キノコバエの発生だった。

しかし、ヒラタケのような軟菌は一週間もすれば、崩壊してしまう。だから、ハエの幼虫に少々かじられても、キノコ自体にとって実害はない。むしろ、キノコの胞子は、昆虫には消化されないから、いずれ、糞として排泄され、地上に落ちる。キノコバエは、キノコの胞子を分散させる働きをしているのかもしれない。キノコが、キノコバエに対する防衛をしていないのは、そんなところにあるのだろう。

キノコのなかには、つよい香りを出すものもいる（ブナハリタケなど）。これは、むしろ積極的にハエを呼んでいる、と考えられる。キノコバエの幼虫は、キノコの栄養を吸収して、あっというまに成虫（カのような形をしている）になる。成虫は、菌の胞子をつけて、別のキノコを求めて飛んでいく。菌の胞子の運搬をしているにちがいない。

スッポンタケ（子のう菌）は、男性の性器のような形をしたキノコであるが、これは、肉が腐敗したような匂いを出してハエ（キンバエの仲間？）を呼ぶという。キノコの本には、スッポンタケはハエに胞子をばらまいてもらう、と書いてある。

この本ではキノコとかたかなで書けば、「きのこ」を生産する菌をさす。われわれが「きのこ」と呼ぶものは、学術的には「子実体」と呼ばれている。だから私は最初、「きのこ」の胞子は、植物の種子に相当するもの、と思っていたのだが、しらべてみると、どうもそうではない。

「きのこ」の胞子は発芽して菌糸となるが、この菌糸は染色体が半数の、性細胞からなる。そして、別の胞子から発芽した性細胞の菌糸と合体して、染色体数が2倍の、ふつうの体細胞の菌糸となる。ふつうの体細胞になった菌糸は、はじめて、枯れ木や落葉の分解に働く（次頁イラスト参照）。

子実体、つまり「きのこ」の胞子は、種子植物の花の花粉に相当するものらしい。だから、「きのこ」は「子実体」と呼ぶべきものではなく、「菌花」と呼ぶべきではないか、と私は考えている。ただ、「菌花」という言葉は、まだ市民権を得ていないので、この本では、キノコの子実体を、「きのこ」（ひらがな、括弧付き）で示したい、と思う。

ハナバチが、花のおしべの花粉を、別の花のめしべに運んで、受精のチャンスをあたえている。おなじように、ヒラタケのキノコバエも、「きのこ」の胞子を別のヒラタケに運んで、有性菌糸が合体するチャンスを与えているのではないか、と思う。

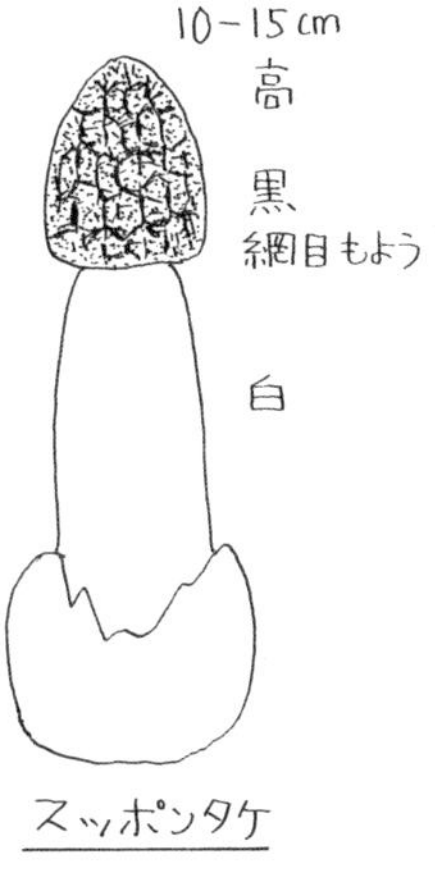

スッポンタケ

軟菌から硬菌へ

軟菌には、キノコバエがよく発生する。これは、キノコにとっても、わずらわしい存在にちがいない。しかし、軟菌は、ハエに対する防衛策はとっていないようにみえる。

サルノコシカケが硬い「きのこ」をつくるようになったのは、なぜか？　私は、まえまえから、こんなことに興味をもっているのだが、この『ハンノキ物語』を書きながら、これは、キノコバエ対策かもしれない、という気がしてきた。

キノコの一番だいじな仕事は、枯れ木のリグニンを分解することである。しかし、リグニンは分解しても、栄養にはならない。そこでサルノコシカケは、それを別な形で利用しようと考えた。サルノコシカケは、リグニンを低分子に分解して木材から除去し、それを捨てないで菌糸内にとりこみ、菌糸を木化して、「きのこ」の表面を硬くするのに利用したのだ。

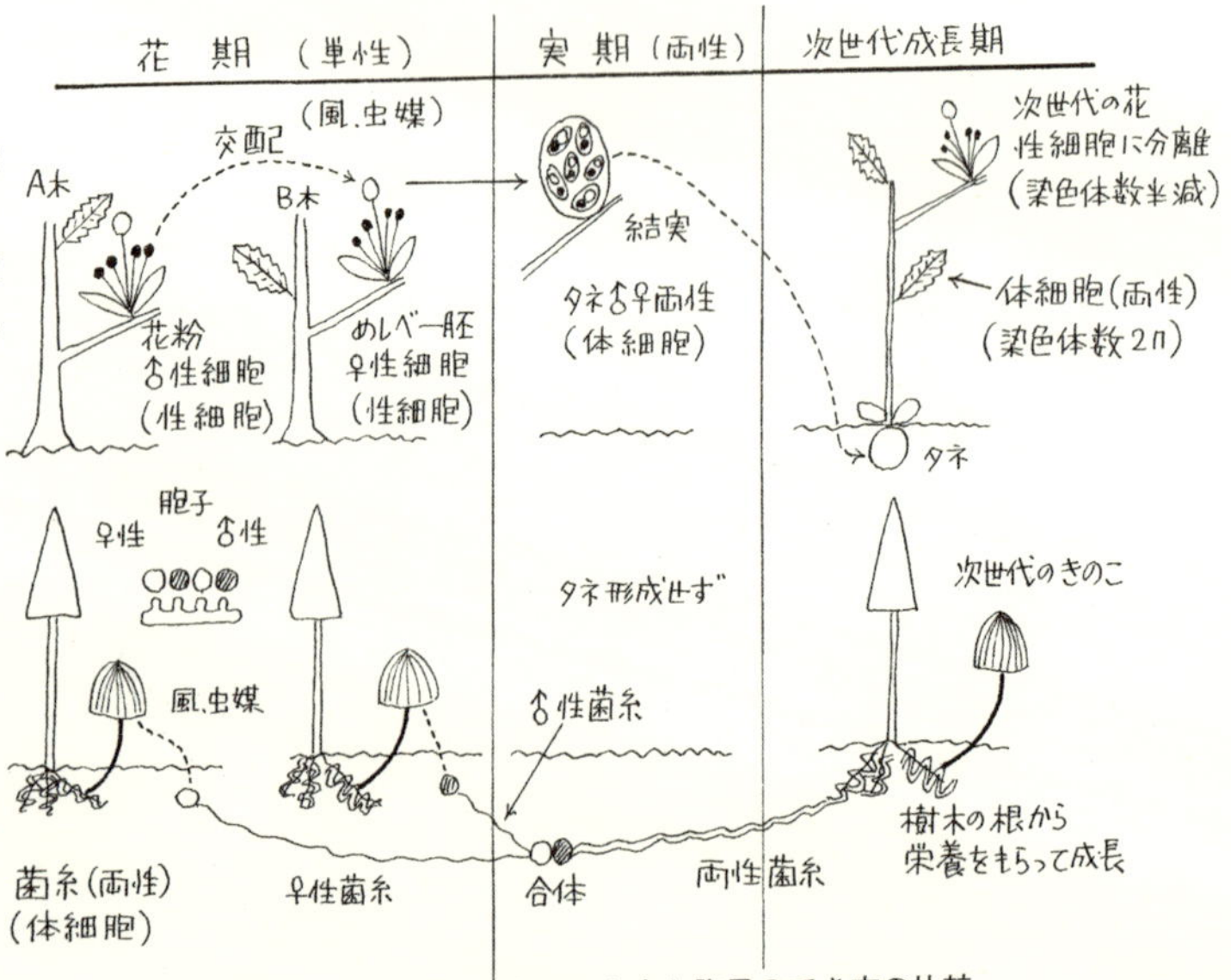

種子植物とキノコの、タネのでき方と胞子のでき方の比較

その結果、キノコバエの幼虫はサルノコシカケに歯が立たなくなった。サルノコシカケは、子実体を木化することによって、ハエを排除し、そのうえ、雨風にも耐えることができるようになった。軟菌の「きのこ」は一週間もすれば形が崩れてしまうが、硬菌の「きのこ」は一年間も形を崩さない。だから、一つの「きのこ」で、長く胞子生産活動ができるようになった。サルノコシカケ類は、さらにそのメリットをよりよく発揮するために、多年生の子実体をつくり出す。多年生のサルノコシカケは、もう、「きのこ」を、毎年毎年つくる必要がなくなった。

「きのこ」の傘が硬くなって、サルノコシカケには、キノコバエは来なくなったが、かわって、甲虫のキノコムシが集まるようになった。甲虫は、つよい歯をもっていて、硬い「きのこ」の肉質部を食べることができる。しかし、サルノコシカケは、この虫を排除せず、むしろ利用しているふしがある。

サルノコシカケの子実体で形成された胞子の、つぎの行き先は、森のなかの、新しい枯れ木である。しかし、枯れ木は、森のなかのどこにでもある、というものではない。せいぜい成木群の一〜二パーセント、つまり一〇〇本のなかの一〜二本ていどである。

菌類が従来とってきた方法、つまり胞子を風でばらまく方法では、枯れ木に到達するのに効率がわるい。そこで、被子植物が花をつくり、花粉を虫に運んでもらうように、サルノコシカケは、胞子を昆虫に運んでもらうようにした、と私は考える。その運搬役を引きうけたのがキノコムシ、というわけである。

しかし、キノコムシは、サルノコシカケに集まる虫である。せっかく、菌の胞子を付着させて、飛んでいっても、行き先がサルノコシカケでは、意味がない。なぜなら、そこにはすでに、別のサルノコシカケ菌がすみついているのだから。

キノコムシの仕事

では、キノコムシは、どのようにして、菌の胞子を、つぎの目的地、つまり、サルノコシカケのついていない、新しい枯れ木に運ぶことができるのであろうか。そんなことを書いた本はない。そこで、そのやり方を自分で考えてみた。

キノコムシは、サルノコシカケを探索する方法として、いきなりサルノコシカケを探すのではなく、まず、枯れ木を探しているのではないか、と思う。枯れ木には、サルノコシカケの「きのこ」がついていることが多いから、キノコムシは、サルノコシカケに到達するチャンスが高い、というわけである。

では、キノコムシは、なにを目印にして枯れ木を探しているのだろうか。それは、木が死んだときに出す匂いではないか、と思う。

木が死ぬと、内皮《ないひ》のセルロースが内生菌に分解され、その醱酵作用によって、一種のアルコー

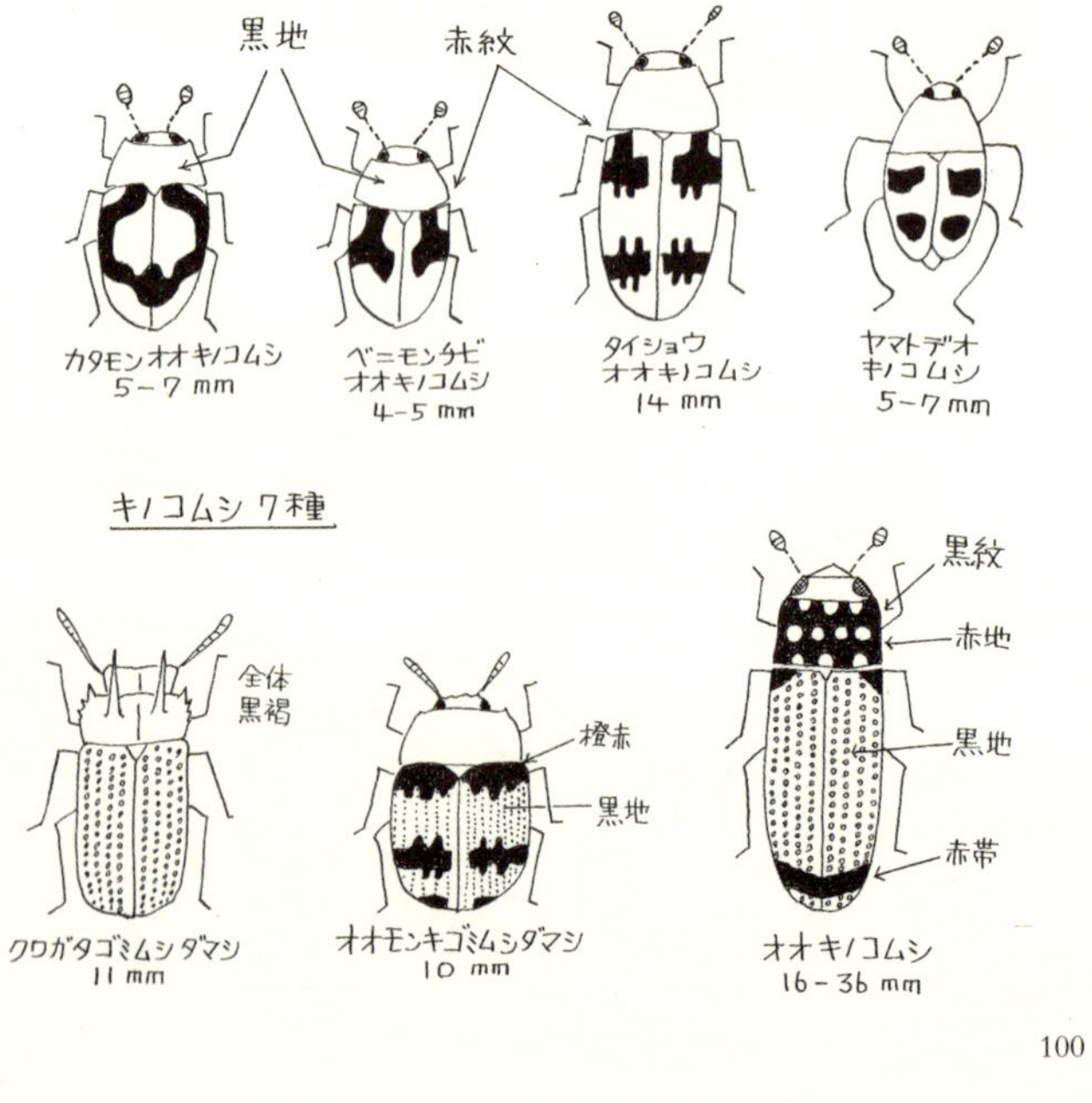

ルが発散してくる可能性がある。キノコムシが、それを感知することができれば、枯れ木に到達することができる。この一次探索〈匂いへの追求〉は、飛翔行動による。そして、枯れ木に到達すれば、つぎの二次探索がはじまる。それは、歩行によるサルノコシカケの探索である。

一方、サルノコシカケの胞子は、枯れ木につくと、キノコムシから離れて、木に着陸する。そこで発芽し、有性菌糸となる。有性菌糸は、別の有性菌糸と合体して、ふつうの菌糸となる。合体菌糸は、材の分解活動を開始すべく、材への侵入口をさがす。もし、先に別の菌糸が入っておれば、あとからきた菌糸の侵入は不成功に終わる。サルノコシカケが寄生していない、新しい枯れ木であれば、大成功、ということになる。この話は、いまのところ、私の単なる推理小説でしかない。

ところで、サルノコシカケを硬くするのに使われたリグニンは、今度は、だれが分解するのだろうか。分解のきっかけは、やはり「きのこ」を食べるキノコムシだろう。しかし、キノコムシはリグニンを消化することはできないから、糞として排泄する。落葉層には、そんな糞リグニンを分解してくれる、小さなキノコがいっぱいいるはずだから、大丈夫なのである。

学研『オルビス学習科学図鑑・昆虫2』および中山周平『野山の昆虫』(小学館)をしらべてみると、サルノコシカケを食べるキノコムシとして、表3のような種が記載されている。

材変色菌(クワイカビ)とキクイムシの共生

ある年の七月、ブナの森の昆虫をしらべるために、秋田県の乳頭《にゅうとう》温泉に出かけた。温泉宿のまわりに、ブナの森が広がっている。森のなかを歩いていて、新鮮な倒木に出会った。新鮮な倒木は、カミキリムシやタマムシが集まるので、絶好の採集場所となる。

幹をしらべてみると、一ミリほどの、小さな孔が、いっぱいあいていて、穴から白い木屑が出ている。これは、キクイムシが中で活動中であることを示している。穴の先端から、キクイムシ成虫の尾端がみえる。体が短かければ（二〜四ミリ）、ハンノキキクイ、サクセスキクイ、ミカドキクイなど、長ければ（四〜六ミリ）、ヤチダモナガキクイ、シナノナガキクイ、ヨシブエナガキクイ、などである。これらの甲虫の名は、ブナ材の害虫として、森林昆虫学の教科書に出てくる。

ブナ丸太の材は、本来、白くて、美しい肌をしている。しかし、変色菌（クワイカビ）によわい、という欠点がある。伐ったばかりの、ブナの丸太を土場《どば》に積んでおくと、すぐ、キクイムシとナガキクイムシが飛来して、材に穿孔《せんこう》する。そのとき、クワイカビ菌（子のう菌）もいっしょに、穴の中に侵入してきて、材を変色・腐朽させ

表3　サルノコシカケにつくキノコムシ（甲虫）の種類

科	種	キノコ
①ゴミムシダマシ科	クワガタゴミムシダマシ	サルノコシカケ
	カブトゴミムシダマシ	
	モンキゴミムシダマシ	サルノコシカケ
	オオモンキゴミムシダマシ	ツガサルノコシカケ
	ツノゴミムシダマシ	カイガラタケ
②オオキノコムシ科	オオキノコムシ	サルノコシカケ
	ルリオオキノコ	
	カタモンオオキノコ	カイガラタケ
	タイショウオオキノコ	サルノコシカケ
	ベニモンチビオオキノコ	カイガラタケ、カワラタケ
③キノコムシダマシ科	モンキナガクチキムシ	カワラタケ
④デオキノコムシ科	ヤマトデオキノコムシ	

ていくのである。

キクイムシは、菌の運び屋をしており、菌が孔の中で繁殖して、菌糸を形成すると、キクイムシの幼虫は、それを食べて成長する。やがて、菌糸が胞子を形成するころ、キクイムシの幼虫は、蛹から成虫になり、孔から脱出する。そのとき、体の中に菌の胞子をかかえて飛び出していく。キクイムシの飛翔先は、ブナの倒木である。菌は、キクイムシの体に付着することによって、まちがいなく、ブナの倒木に到達できる、というわけである。

キクイムシの仲間は、針葉樹に寄生するもの、広葉樹に寄生するもの、など、なん百という種類が知られている。一般に、鞘羽《さやばね》の表面に細かい点刻が何列も並んでいる。その形が、種を識別するポイントにもなっている。点刻を実体双眼顕微鏡でみると、円いくぼみとなって配列している模様が、とてもおもしろい。なんでキクイムシの仲間は、どれもこれも、鞘羽の表面に、いっぱい点刻を散りばめているのだろうか。まえまえから、なんとなく、疑問に思っていたのだが、いま、はじめて気づいた。それは、菌の胞子を運ぶときの、胞子の座席ではないのかと。それだけ、キクイムシ類と菌類との共生関係が密接になっていることを示す証拠ではないか、と思う。

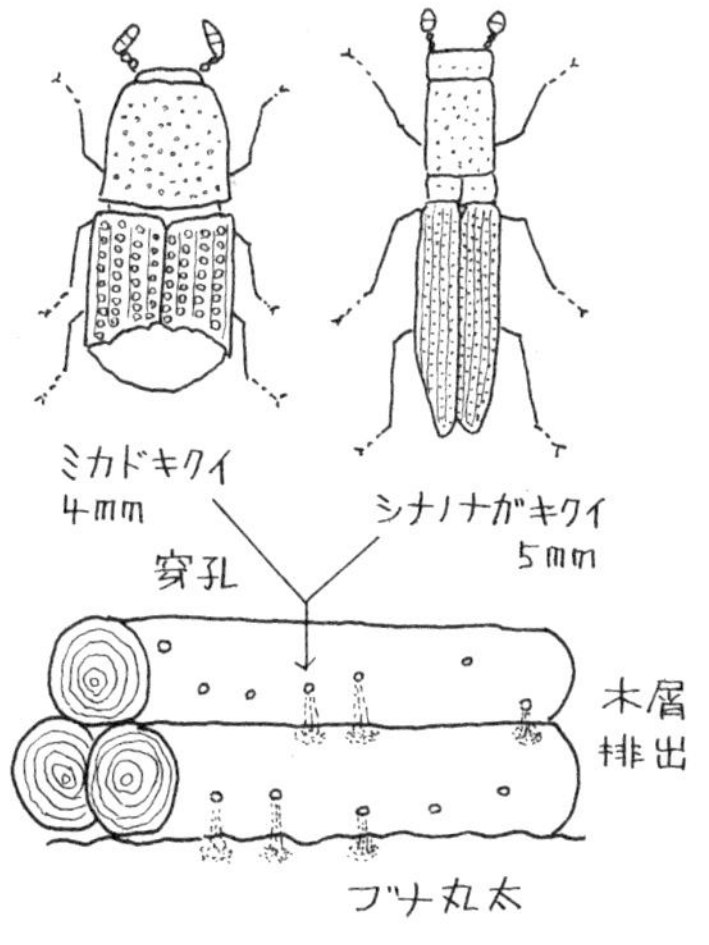

ブナの丸太に穿孔するキクイムシ2種

キノコとキバチの共生

枯れ木や倒木を分解するキノコは、樹種をえらばず、多犯性を原則としている。しかしなかには、特定の樹種と結びつきの強いキノコもある。高橋郁雄『北海道きのこ図鑑』をしらべてみると、つぎのようなキノコがそれにあたる。

ニレ科ニレ属：タモギタケ、ニレサルノコシカケ
サクラ科サクラ属：サクラノサルノコシカケ
カバノキ科カンバ属：カンバタケ
ヤナギ科：ウサギタケ、ヌメリスギタケモドキ

このように、キノコのなかには、樹種選択性のつよいものが存在する。これは、あたりまえの事実なのだが、考えてみると、疑問がいっぱいある。まず第一の疑問は、なぜ、特定の樹種をえらびたいのか、というキノコの意図である。タモギタケは、なぜニレをえらぶのか、カンバタケは、なぜカンバをえらぶのか、そして、チャミダレアミタケは、なぜハンノキをえらぶのか？　私はこんなことに興味をもっているのだが、なかなか答えを見出しかねている。

キノコは一般に、胞子が風に乗って伝播していく。枯れ木分解菌は、胞子が枯れ木に着地することで、拡散が可能となる。「なんでも屋」の多犯性キノコであれば、それでもいいだろう。しかし、特定の樹種に着地したい狭犯性のキノコは、胞子を風まかせにばらまいていては、目的地に到着できるかどうか、はな

はだ疑問である。では、狭犯性のキノコは、どんな分散戦略をもっているのだろうか。これが、私の第二の疑問である。

そんなことに悩んでいたとき、おもしろい記述をみつけた。『北海道きのこ図鑑』によると、ミダレアミタケ（Cerrena unicolor）（一年生硬菌）が、キバチと共生関係にあるというのだ。キバチ類は、原始的なハチの仲間で、成虫は、衰弱した木か、新鮮な枯れ木に産卵し、幼虫は幹に穿入《せんにゅう》し、材を食べる。もし、キバチがミダレアミタケ菌と共生しているとなれば、キバチは、菌の胞子を枯れ木に運び、お礼に菌から食料（菌糸）をもらっている、という関係が想定できる。これは、子のう菌のクワイカビと穿材性のキクイムシの共生関係に似ている。

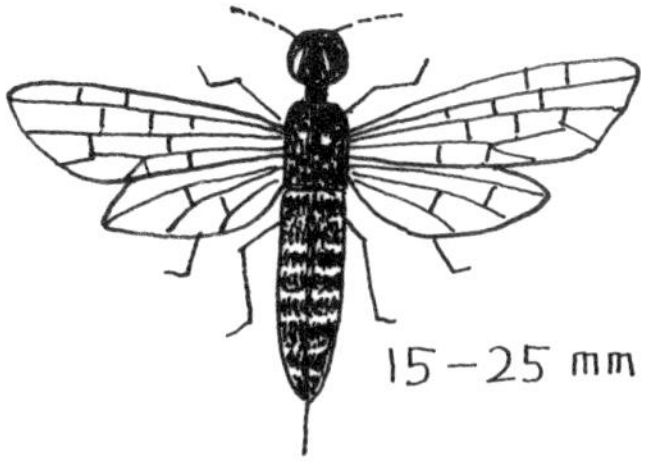

ミダレアミタケは、『北海道きのこ図鑑』によると、ハンノキの枯れ木に好んで寄生するという。もし、キバチがミダレアミタケと共生関係にあるとすれば、このキバチもハンノキの衰弱木か枯れ木に寄生するにちがいない。そう気がついて、『原色昆虫大図鑑Ⅲ』をしらべてみたら、あった！　ハンノキに寄生するキバチが一種いた。そのキバチの名はクビナガキバチ（Xiphydria camelus）。このキバチが、ミダレアミタケと共生関係にある、とは断言できないが、おそらく、まちがいあるまい。

ここでまた、もうひとつのことに気づいた。ミダレアミタケがハンノキを選択しているのは、ミダレアミタケが、ハンノキを嗜好するキバチと共生関係を結んだことの結果ではないか、と。キノコの樹種選択性は、キノコの意志ではなく、共生している虫の意志による、と考えれば納得できる。

キノコとカミキリムシ

特定の樹種に寄生する狭犯性のキノコは、おそらく、特定の樹種を嗜好する昆虫―キバチ、キクイムシ、カミキリムシ、キノコムシなど―と、なんらかの共生関係をもっているのではないか、と思われる。たとえば、タモギタケは、どのようにしてニレの枯れ木に到着できるのだろうか。おなじことが、カンバタケやサクラノサルノコシカケについても、いえる。この場合、キノコの胞子の運搬にカミキリムシが関与している、と仮定してみよう。しかし、カミキリムシのほとんどは、つよい樹種選択性をもたず、「なんでも屋」である。でも、樹種選択性のつよいカミキリも存在するかもしれない。

そこで、小島圭三・林　匡夫『原色日本昆虫生態図鑑Ⅰカミキリ編』と、岡島秀治監修『甲虫』をしらべてみた。やはり、ごく少数ではあるが、樹種選択性のつよいカミキリがいた。たとえば、ニレ類の枯れ木にはニセヤツボシカミキリ、カンバ類の枯れ木にはツマキトラカミキリ、サクラの枯れ木にはヤツメカミキリ、などがそれにあたる。これらのカミキリが、それぞれのキノコの胞子運搬にかかわっている、とは断言できないが、その可能性はある。

カンバタケの作戦

そんな技巧をつくさなくても、サルノコシカケは、風で胞子をばらまいておれば、かならず希望の樹種に到着できるよ、という声が聞こえてくる。信州の志賀高原はシラカンバやダケカンバが多い。そしてシラカンバの林には、よく、カンバタケの発生をみる。そんな林では、たしかに、キノコは胞子を風でばらまけば、かならずシラカンバに着地できるだろう。

それはそれで納得できる。もしそれが事実なら、また、別の疑問が出てくる。カンバタケの胞子から発芽した菌糸は、着地した樹木を、カンバか、そうでないか、識別していることになる。なにを目印にして、カンバと、カンバ以外の樹種を見分けるのだろうか。

さらにまた、別の第三の疑問が出てくる。カンバタケがカンバを選択する意図はなんなのか、選択することにどんなメリットがあるのか、という疑問である。

しかし、いろいろキノコの本を読んでみても、カンバタケはカンバ類の枯れ木に発生する、とあるだけだ。

カンバタケ（Piptoporus betulinus）はヨーロッパにも産する。ヨーロッパのキノコ図鑑をしらべてみると、「ベリー・コモン（very common）とある。つまり、どこにでもある、ということだ。これは、カンバタケの作戦が成功したことを意味する。

では、カンバタケの作戦とは、どういうものだろう

カンバタケ　乗鞍高原にて
（撮影：髙橋眞）

か。

シラカンバの白い樹皮には、ベチュリンという成分の結晶が含まれている。シラカンバの樹皮には、害虫の傷跡があまりみられない。また、シラカンバの樹皮は、油分が多く、耐水性がある。これは、分解菌につよいことを示している。シラカンバの樹皮は、害虫・害菌の侵入にたいして、すぐれた防衛構造になっているらしい。樹皮に、なにか傷口がないと、木材腐朽菌も容易には樹体内に侵入できないのではないか、と思う。

しかし、菌がいったん材中に侵入してしまえば、あとは楽である。シラカンバは、樹皮の耐性を過信してか、内部の材に耐菌性をつける努力をしていないようにみえる。だから、カンバタケにとって、問題は、樹皮を突破することだけである。カンバタケの作戦は、その突破役にツマキトラカミキリを利用しているのではないか、と思う。

ツマキトラカミキリは、シラカンバなど、カンバ類の枯れ木にしか寄生しない。どのようにして、シラカンバの樹皮を噛みきり、傷をつけて産卵するのか、私にはわからないが、それを実行している虫であることはまちがいない。

カンバタケは、ツマキトラカミキリの体に胞子を乗っけることによって、産卵傷口からシラカンバの樹体内に侵入することができた。そして、シラカンバへの寄生競争で、断然、有利になった。しかしそのため、ほかの樹種の枯れ木には寄生できなくなった。

今回、『ハンノキ物語』を書きながら、カンバタケの作戦について、このような推理小説ができた。今度、奥志賀高原に行くときは、シラカンバの枯れ木で、カミキリムシをさがしてみよう。また、楽しみがひと

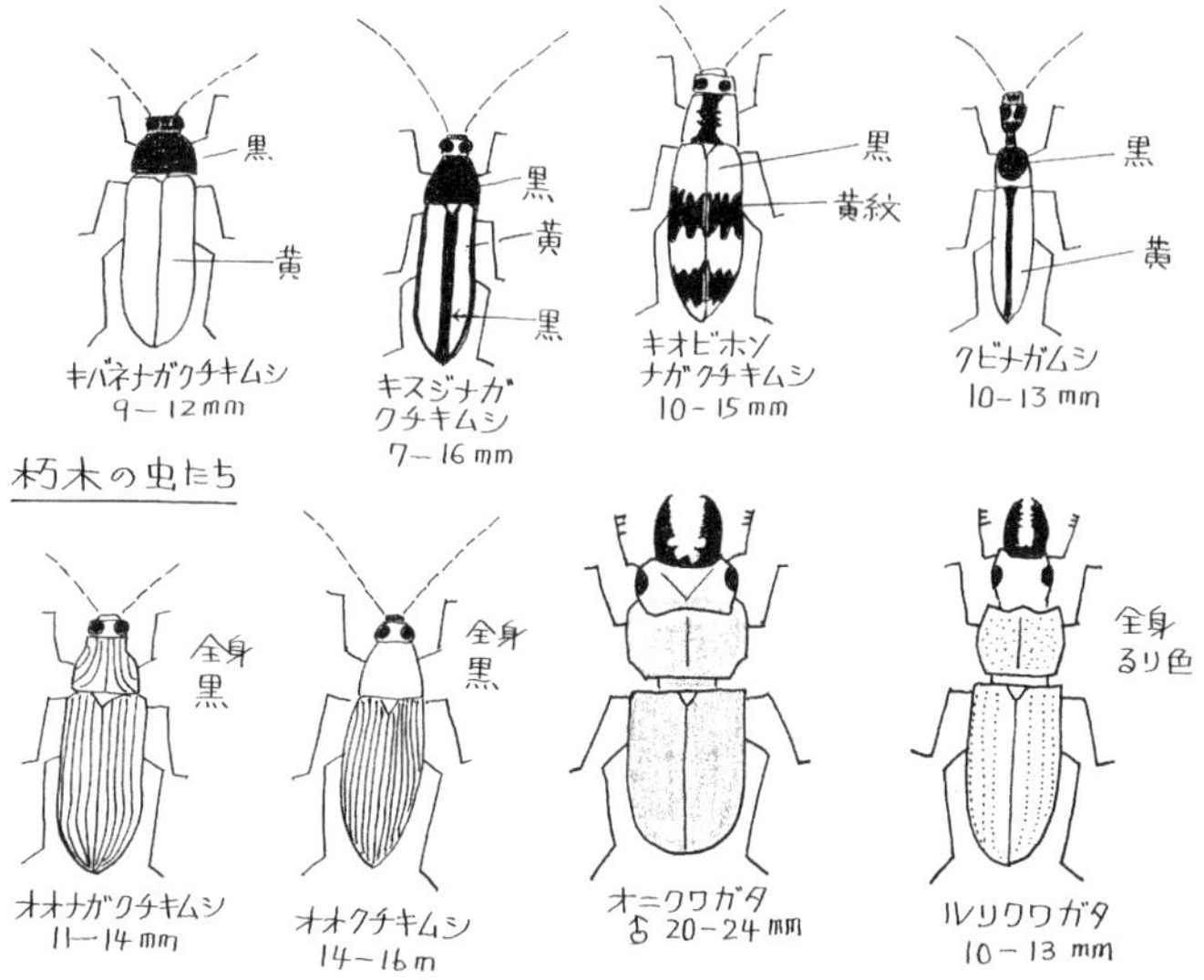
黒
黄
キバネナガクチキムシ
9−12mm
黒
黄
黒
キスジナガ
クチキムシ
7−16mm
黒
黄紋
キオビホソ
ナガクチキムシ
10−15mm
黒
黄
クビナガムシ
10−13mm
全身
黒
オオナガクチキムシ
11−14mm
全身
黒
オオクチキムシ
14−16m
オニクワガタ
♂ 20−24mm
全身
るり色
ルリクワガタ
10−13mm

朽木の虫たち

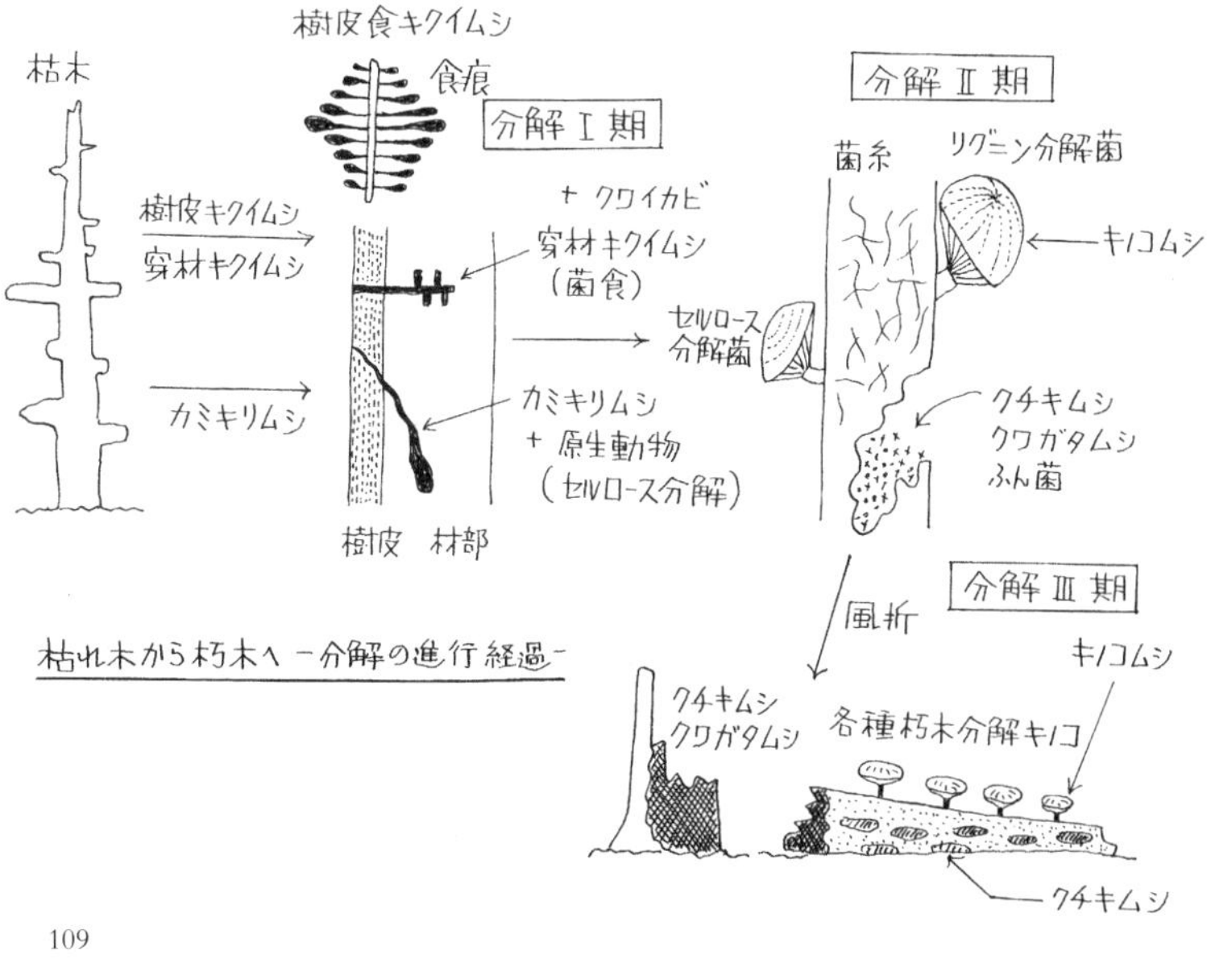
枯木
樹皮キクイムシ
穿材キクイムシ
カミキリムシ
樹皮食キクイムシ
食痕
分解Ⅰ期
+ クワイカビ
穿材キクイムシ
（菌食）
カミキリムシ
+ 原生動物
（セルロース分解）
樹皮　材部
セルロース
分解菌
分解Ⅱ期
菌糸
リグニン分解菌
キノコムシ
クチキムシ
クワガタムシ
ふん菌
風折
分解Ⅲ期
クチキムシ
クワガタムシ
各種朽木分解キノコ
キノコムシ
クチキムシ

枯れ木から朽木へ −分解の進行経過−

つ増えた。

朽ち木と昆虫

新鮮な枯れ木や倒木は、まず、カミキリムシやキクイムシによって、穴があけられていく。その後、昆虫がつくった傷口や穴をとおして、各種の糸状菌（キノコカビ）が侵入し、セルロースとリグニンを分解し、材をボロボロにしていく。セルロースやリグニンは、完全に分解されれば、炭酸ガスと水になる。蛋白質やアミノ酸など、有機態窒素化合物であれば、最終的には硝酸と亜硝酸になり、これは、ふたたび植物の栄養になる。

しかし、森林生態系の分解システムは、かならずしも、完全主義者がそろっているわけではない。中途半端な活動をするものも多い。醗酵も、そのひとつである。不完全分解の結果、さまざまな成分が発生したり、分解かすが残る。それが、いわゆる朽ち木と呼ばれているものである。

これらの、木材の分解かすは、また、別の種類の昆虫の餌となって、さらに分解がすすんでいく。なかには、朽ち木にすみながら、朽ち木のかすに発生するキノコを食べているものも少なくない、と考えられる。そして、最終段階の、木片が崩れてボロボロになったもの〈昆虫の糞や死骸も含めて〉も、結局は、細菌とカビによって分解され、炭酸ガスと水に還元されていく。

枯れ木から朽ち木への、分解の進行経過を図示すれば、前ページの図のようになる。

落葉の分解　1
―はじまりは樹上葉に寄生するカビ―

ハリギリの葉の黒紋

ハリギリ（Kalopanax pictus）はウコギ科の仲間、日本では北海道から九州まで分布し、国外ではサハリン、朝鮮半島から中国大陸にも分布する。かなり分布の広い樹である。北海道では夏の蜜源植物になっている。有用樹種でもある。

屋久島のスギの森は、基本的には針葉樹の王国なのだが、そのなかで、高木性の広葉樹は、ヒメシャラとハリギリとヤマグルマだけが入山を許されている。ハリギリは、屋久島ではミヤコダラと呼ばれている。宮城県でも、ハリギリは、里山の青葉山から奥山の栗駒《くりこま》山のブナの森まで、どこにでもみられる。バイタリティの豊かな樹である。

ハリギリの葉はでっかい。森のなかの道を歩いていると、この葉はよく目立つ。このでっかい葉に、夏も終わりになるころ、きまって、大きな、黒っぽい、円形の斑紋があらわれる。気がついたのは、秋田の乳頭《にゅうとう》温泉の森のなかを歩いているときだった。逆に、この円紋のある、でっかいカエデのような葉をみたら、ハリギリとみてよい。ハリギリは木目と材質がケヤキに似ており、家具材として高値で売れる。葉についた黒い円紋は、ハリギリの商標みたいにみえる。

　ハリギリは、秋、落葉する。だからとうぜん、この黒い斑紋は落ち葉にもついている。この斑紋は、いったい、なにものだろうか。落ち葉を一枚拾ってしらべてみた。円紋の大きさは一～三センチ、紋の外縁に同心円状の模様が出ている。裏面をルーペでしらべてみると、黒い斑紋のなかに、小さな黒点（約〇・一ミリ）がたくさんついている。

　これは病原菌（カビ）の巣である。家に持ち帰って、カミソリで切片をつくり、顕微鏡でのぞいてみた。黒い殻のなかに、二～四ミクロンの、無色・楕円形の胞子がいっぱい詰まっていた。これは、分生子殻《ぶんせいしかく》と分生子《ぶんせいし》と呼ばれているものである。殻と胞子の形から、糸状菌《しじょうきん》（カビ）の一種、不完全菌類のなかの、フィロスティクタ属（Phyllosticta）とみた。

　伊藤一雄『樹病学大系Ⅲ』をしらべてみると、これはハリギリの褐斑病と呼ばれているもので、病原菌は Phyllosticta acanthopanacis とあった。種名の acanthopanacis はウコギ属（Acanthopanax）を意味す

ハリギリの黒紋

る。この菌名は、ウコギにつくフィロスティクタ、ということになる。ハリギリは、ウコギ属ではないが、ウコギ属にごく近い。

褐斑病のなぞ

ハリギリの幹肌

ハリギリの葉の黒い斑紋は、カビによって伝染する病気の一種であった。伝染病は菌の伝播によって広がる。だから、その年の気象条件によって、ときに大発生したり、病気が出なかったりする。

ところがふしぎなことに、この黒っぽい斑紋は、毎年、夏の終わりごろになると、きまったように、ハリギリのほとんどすべての葉にあらわれてくる。そしてこの斑紋は、宮城県にかぎらず、本州のどこの山でも、おなじようにみられる。おそらく、北海道でも、屋久島でも、事態はおなじだろうと思う。

ほかにも、よく似た現象を示す樹がある。ホオノキである。ホオノキは、秋、紅葉することなく、灰黄色になって落葉するのだが、よくみると、落葉直前には、ほとんどすべての葉に、きまって、灰褐色の紋様があらわれる。

ホオノキの葉の紋様は、側脈のあいだにあらわれる。すじ（セルロース）をさけていることがわかる。この菌はおそらく、セルロースを分解することができないのであろう。この病斑をもった葉は、まもなく落葉する。ホオノキの落ち葉を拾ってしらべてみると、やはり、紋様のなかに微小な黒点がみられた。黒点の切片を作って検鏡してみると、フィロスティクタ菌が認められた。ホオノキの褐斑病と呼ばれるものである。

こんな状況をみると、ハリギリの褐斑病菌も、ホオノキの褐斑病菌も、病原菌というより、落葉分解菌として働いているようにみえる。ただ、落葉してから分解するのではなく、落葉寸前の葉にとりついて、樹上で分解を開始する菌ではないか、と思う。つまり、落葉分解は、樹上葉からはじまる、と考えたくなる。

いずれにしても、これらは生葉に寄生する病原菌である。葉から葉へ伝染していく病原菌である。なのにどうして、これらの菌は、毎年、きまったように、落葉寸前の葉に、しかも、ほとんどすべての葉に、発病できるのだろうか。

ホオノキやハリギリの葉の褐斑なんて、雑木林の林床には、

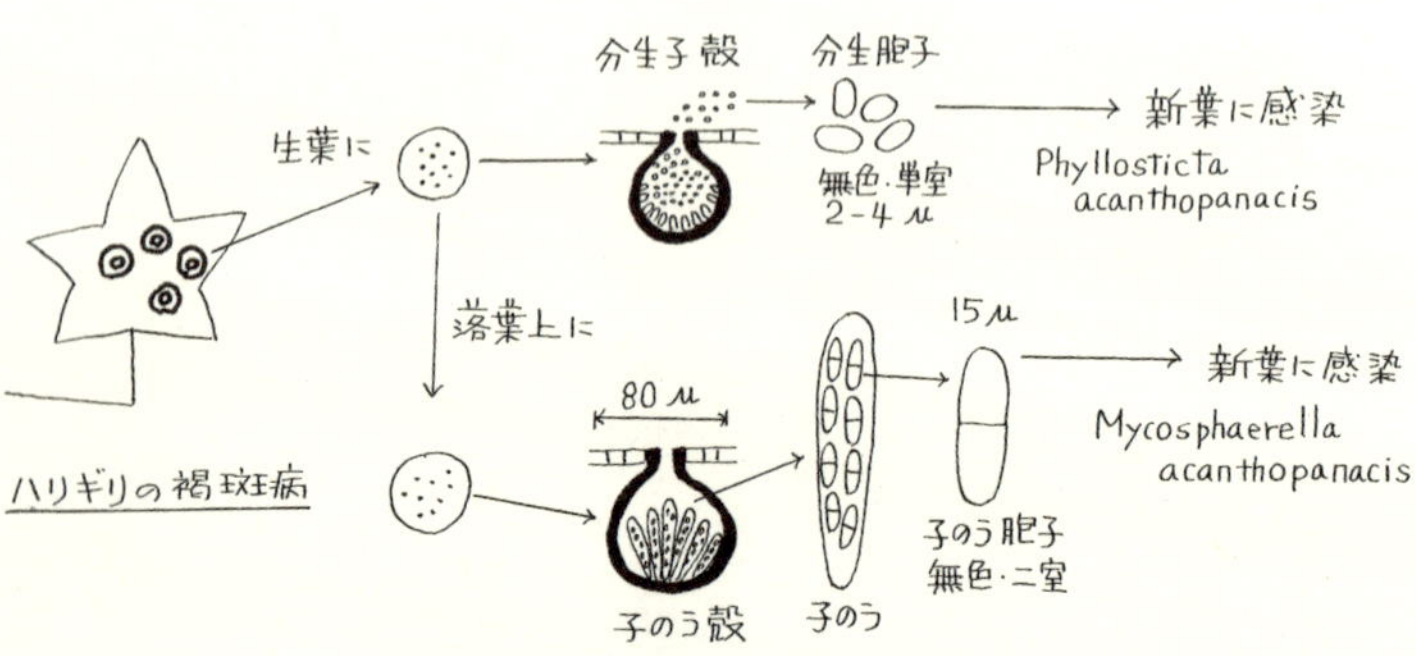

どこにでもゴロゴロしているのに、考えてみたら、おもしろそうな「なぞ」をかかえている存在であることに気づいた。本章では、このなぞ解きに挑戦してみよう、と思う。さらにそれが、地上の落葉分解に、どのようにつながっていくのか、考えてみたい、と思う。

分生子って、なに？

ハリギリ褐斑病は、夏の終わりから秋にかけて、発病する。菌は、葉から栄養を吸収しながら菌糸をのばしていくが、冬が近くなると、硬い殻（分生子殻）をつくり、そのなかに小さな胞子（分生子）を生産して、落葉のなかで越冬する。

翌春、暖かくなると、殻は割れて、なかの胞子は風で飛散する。運よくハリギリの新葉に定着すれば、そこで発芽して菌糸となり、ふたたび寄生活動を開始する。分生子の大きさが一〜四ミクロン（ミクロンは一ミリの千分の一）と、ひじょうに小さいのは、風で遠くまで飛散していくための戦略であろう。

かくして菌は、無性的、栄養繁殖的に、どんどん勢力を拡大

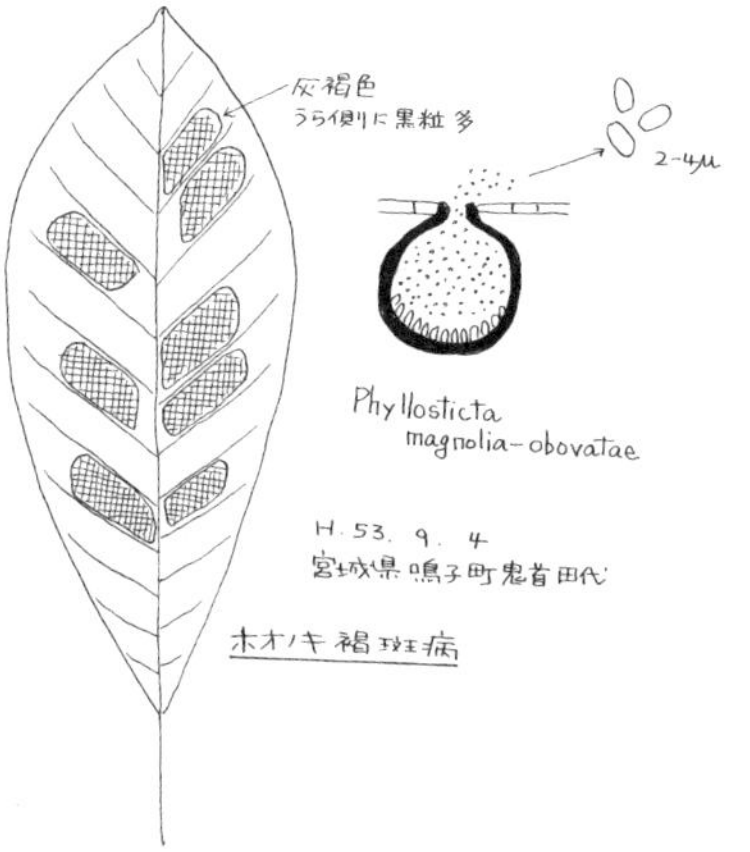

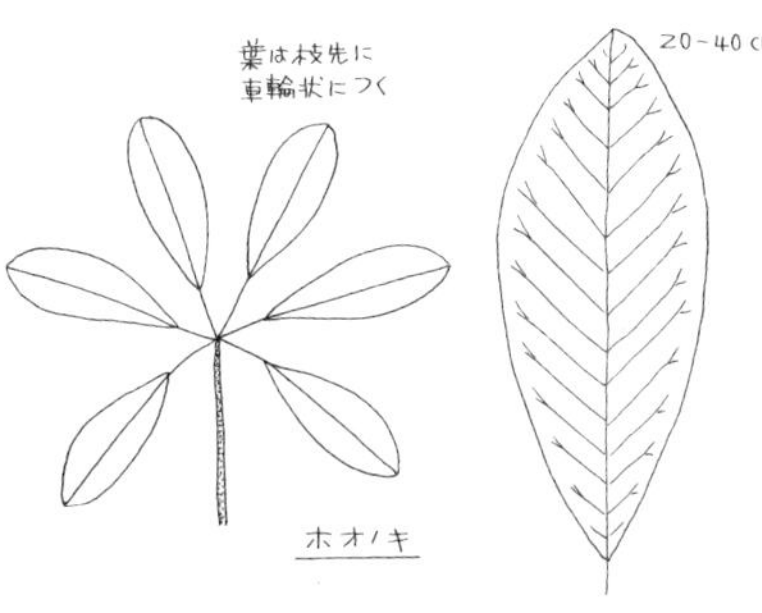

していく。分生子とは、菌が、体細胞の一部を胞子にして、てっとり早く増殖していくための方法だったのである。

しかし、分生子による増殖では、親とおなじ性質の菌個体（クローン）が増えるだけだ。つまり、均質個体の集団ができるだけで、個体に変異がない。個体に変異のない集団には、発展がない。それでは、その菌集団に未来はない。うかうかしていると、進化してきた別種の菌集団に負けてしまう危険もある。

そこでときどき、菌は、減数分裂して、雄性胞子と雌性胞子を生産する。そのとき、胞子の細胞は、染色体の数が半分の、性細胞となる。このステージは、有性時代と呼ばれる。雄性胞子と雌性胞子は、それぞれ発芽して菌糸となるが、別の菌個体からの有性菌糸とうまく遭遇すれば、融合して新しい菌糸が誕生することになる。

融合菌糸は、染色体の数が二倍の、ふつうの体細胞となる。そして、はじめて、菌糸としての活動を開始する。新しい菌糸は、両親とちがった性質をもっている。つまり、他人の血を入れることによって、新しい発展の可能性が開けてくるのである。

私はさきに、ハリギリ褐斑病菌は、秋、分生子殻をつくって落葉のなかで越冬する、と述べたが、じつは、越冬葉の病斑のなかには、新たな別の黒点があらわれることがある。その切片を顕微鏡でみると、殻のなかに、袋に入った八個の胞子がみられる。胞子は、大きさ一五ミクロンぐらいで、二室に分かれている。これは、子のう菌のミコスファエレラ属（Mycosphaerella）であることを示している。

ミコスファエレラ菌は、フィロスティクタ菌の有性時代の名なのである。ハリギリ褐斑病菌の有性時代の胞子の大きさは、分生子にくらべると、格段にでっかい。この胞子は、風で遠くへ飛散することを意図していない。おそらく、子のう胞子は、春、近くのハリギリの新葉上で発芽し、有性菌糸となって、別の有性菌糸との融合をねらっているのであろう。有性時代は、勢力拡大の時代ではなく、自己変革の時代といえる。

糸状菌（カビ）の種名は、有性時代の胞子・殻・菌糸の形でつけられる。分生子時代の形でつけた名は仮の名で、有性時代が発見されたら、種名はそちらに移される。糸状菌は、子のう菌と担子菌の二つに大別されるが、有性時代のわからない菌は不完全菌として、第三のグループにまとめられている。

分生子時代の形では、なぜ、本当の名がつけられないのか。それは、その菌の歴史を表現していないからである。だから、菌どうしの類縁関係がわからない。つまり、系統進化上の位置づけができないのである。

現在なお、有性時代のわからない菌が数多く存在する。ハリギリの褐斑病菌は、両方の世代ともみつかっているが、ホオノキの褐斑病菌は、まだ有性時代がみつかっていない。おそらくミコスファエレラ属と思われるが、そのような問題には、菌類学者には、あまり興味が湧かないらしい。だから、ホオノキの落ち葉をしらべていれば、アマチュアでも、新発見の可能性はある。こんなところにも、落ち葉をしらべてみる楽しみがある。

樹上葉の斑点病をしらべる

ハリギリの樹上葉（落葉にたいし、樹枝に着いている生葉を、こう呼ぶことにする）に黒い斑紋をつけて寄生するのは、フィロスティクタ菌であった。では、ほかの樹種の樹上葉には、どんな菌が寄生しているのだろうか。

私は、樹病学の専門家ではないけれど、東北大学農場時代、木の葉につく病原菌をしらべたことがある。理由は、落葉分解現象を、自分なりに理解したかったからだ。しらべた場所は、宮城県鳴子の東北大学の山林と、仙台市の公園樹や里山の雑木林である。

調査対象は、広葉樹の葉につく斑点性あるいは葉枯れ性の病原菌にしぼった。作業は、斑点ができたり、変色部分ができた葉を採集し、菌体の切片をつくって、分生子殻と胞子の形から、菌の属を同定する、という単純なものだった。広葉樹の葉に病斑を形成する菌はそんなに多くはなかった。主たるものは、分生子殻を形成するもの八属と、殻をつくらず菌糸に胞子を裸生するもの三属であった。

調査の結果、もっとも頻繁にみられたのは、フィロスティクタ属（Phyllosticta）、サーコスポラ属（Cerco-

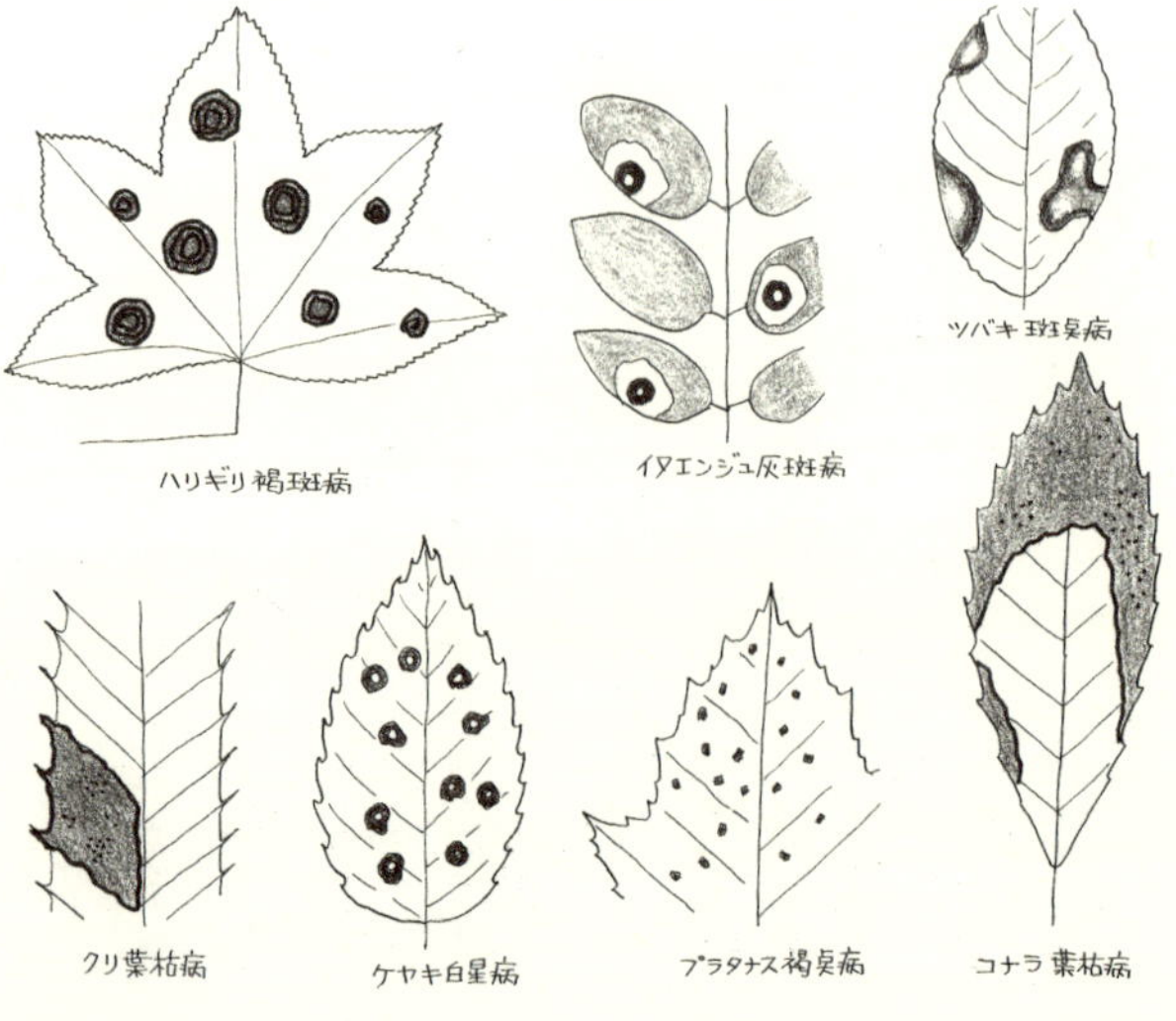

斑点病、葉枯病にかかわる菌（不完全菌）

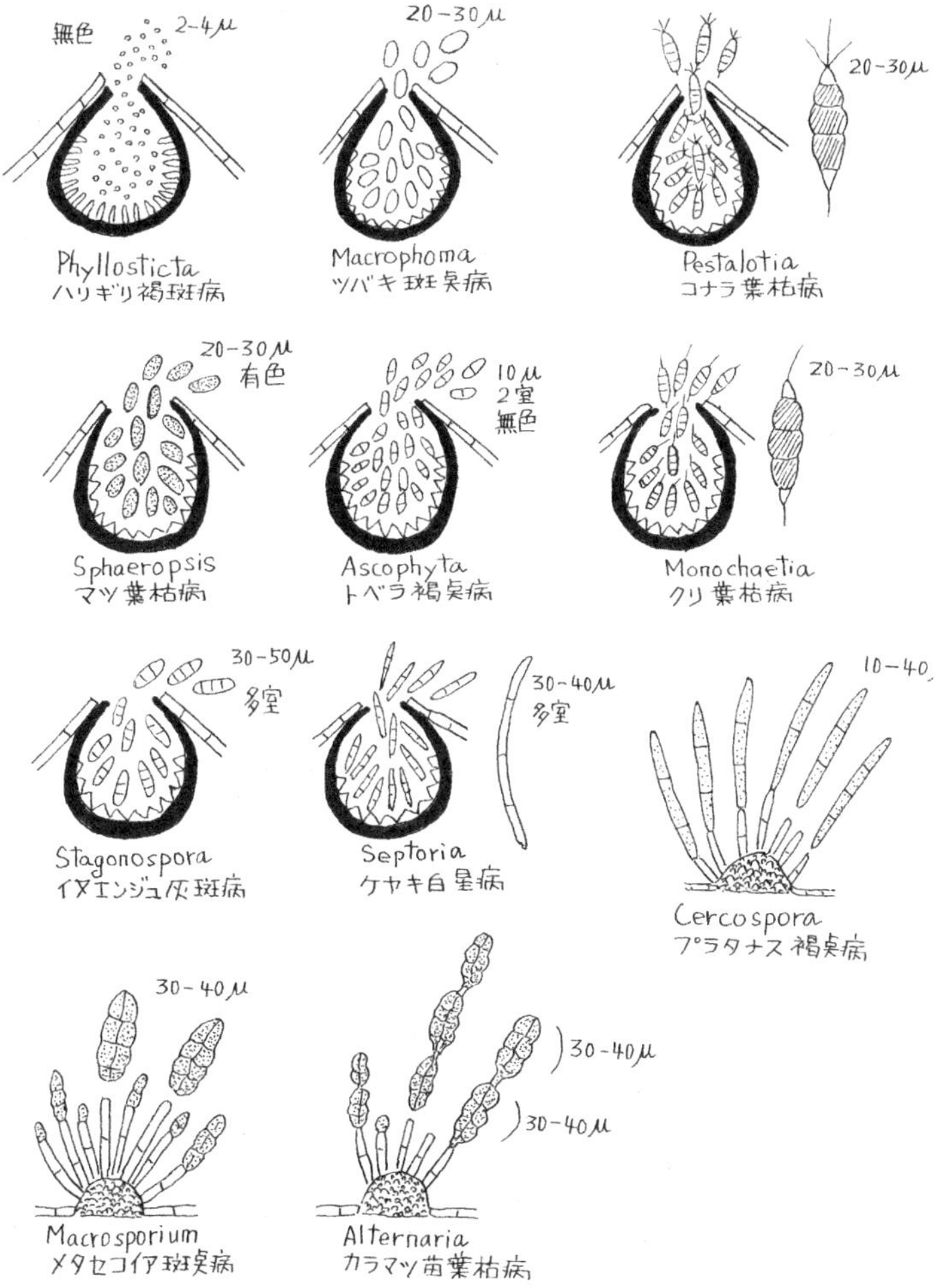

無色
2-4μ
Phyllosticta
ハリギリ褐斑病
20-30μ
Macrophoma
ツバキ斑点病
20-30μ
Pestalotia
コナラ葉枯病
20-30μ
有色
Sphaeropsis
マツ葉枯病
10μ
2室
無色
Ascophyta
トベラ褐点病
20-30μ
Monochaetia
クリ葉枯病
30-50μ
多室
Stagonospora
イヌエンジュ灰斑病
30-40μ
多室
Septoria
ケヤキ白星病
10-40
Cercospora
プラタナス褐点病
30-40μ
Macrosporium
メタセコイア斑点病
30-40μ
30-40μ
Alternaria
カラマツ苗葉枯病

spora）、ペスタロチア属（Pestalotia）の三属であった。とくにフィロスティクタ菌は、ほとんどすべての樹種の葉からみつかった。ペスタロチア菌も、樹病学の教科書に記載されていない、多くの樹種からもみつかった。

この予備知識をもとにして、伊藤一雄『樹病学大系』から、上記三属の菌について、その宿主樹木を拾い出してみた。フィロスティクタ属は三二樹種、ペスタロチア属は一五樹種、サーコスポラ属は四六樹種の宿主が記載されていた。

これらの菌は、いずれも不完全菌なのだが、そのうち、フィロスティクタとサーコスポラについて、有性時代のわかっているものを、『樹病学大系』から拾ってみると、すべてが子のう菌のミコスファエレラ属（Mycosphaerella）であった。ペスタロチアについては、完全時代がわかっているものは、まったくない、という状態であった。

アメリカの樹病学の教科書を読んでみると、ミコスファエレラ菌は、葉の気孔から菌糸が侵入する菌で、葉の組織（セルロース）を破壊せず、葉肉内の糖分を摂取する菌らしい。病徴は斑点あるいは斑紋となってあらわれる。

落葉の分解　2
―かわいいオチバタケをさがそう―

落葉分解　―完全分解と醗酵―

ハリギリの褐斑病は、葉の病気というより、落葉分解のはじまりではないか、と考えた。では、地上に落ちた葉の分解は、一般に、どんな経過をたどって進行していくのだろうか。落葉分解には、つぎの二つのコースが考えられる。ひとつは完全分解コースであり、もうひとつは不完全分解コースである。

a　完全分解コース

酸素が十分供給される過程での分解で、最終的には炭酸ガスと水に分解され、若干のミネラルが残る。分解には、昆虫・動物と好気性の菌類が働く。

サクラやカエデなど軟らかい葉の落葉は、まず、土壌昆虫・動物（トビムシ、ササラダニ、ミミズなど）に食べられる。落葉内にはまだ、デンプンや糖類、ときには蛋白質が残っている。昆虫・動物はそれを栄養として利用するのである。しかし、セルロースやリグニンは消化できないから、糞として排泄する。それらは、土壌中に生息する糞菌によって分解される。

しかし樹木の葉は、セルロースやリグニンのしっかりしたものが多い（ブナやナラなど）。だから、硬い葉は動物・昆虫の歯がたたない。そこで、分解のはじまりは菌が担当することになる。ただ、菌が活躍するためには、湿り気が必要である。ブナの場合、落葉は一年間、形を崩さないのがふつうである。一年たって、その上に新しい落ち葉が積もって、落葉層内に湿り気が出てきて、はじめて、菌が動きだす。

土壌中には多種類のペニシリウム（Penicillium、一般に青カビと呼ばれている）やトリコデルマ（Trichoderma）（いずれも不完全菌）が生息しており、これらが落葉のセルロースを分解する。これらの菌はセルロース分解酵素を出す。

ついで、クヌギタケ属（Mycena）やホウライタケ属（Marasmius）の、小さなキノコたち（担子菌）が、リグニンを分解していく。これらのキノコは、リグニン分解酵素を出す。代表的な落葉分解キノコはモリノカレハタケ（Collybia属）である。

そして、これらの菌類の働きで、リグニンが分解され、セルロースも軟らかくなってくれば、土壌昆虫・動物も活動をはじめ、落葉をボロボロに噛み砕き、葉内に残っているデンプンや糖類を摂取していく。じつは、セルロースはブドウ糖分子が何千と直鎖的に連結したもので、菌によって分解されれば、動物・昆虫にとっては栄養のかたまりとなる。

落葉には、有機態窒素（蛋白質やアミノ酸）はわずかしか含まれていないが、キノコは、そのわずかな窒素を取り出す力をもっている。だから菌の子実体《しじったい》にはアミノ酸の含量が多い。アミノ酸は、昆虫の発育

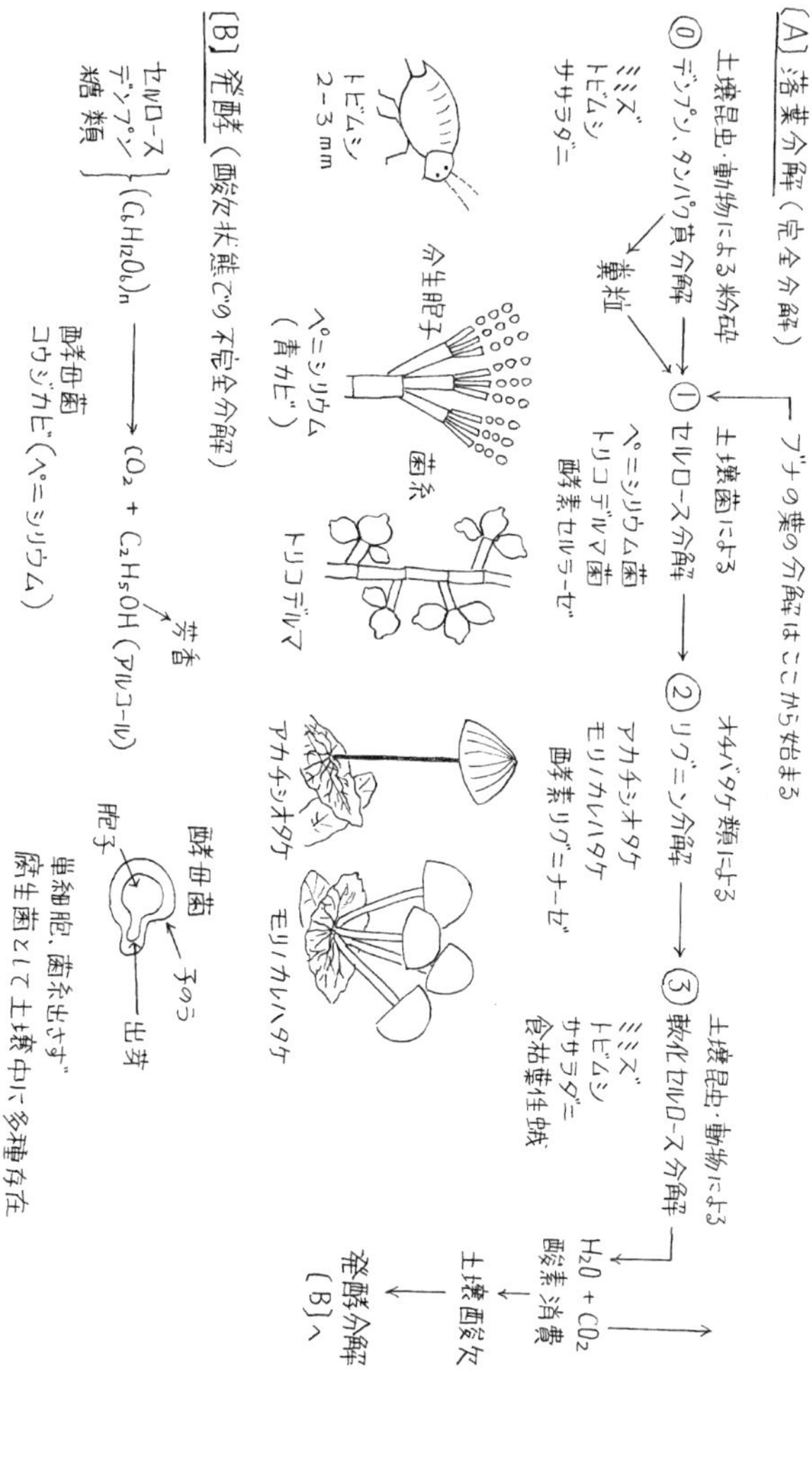
〔A〕落葉分解（完全分解）
ブナの葉の分解はここから始まる
土壌昆虫・動物による粉砕
⓪デンプン、タンパク質分解
糞粒
ミミズ
トビムシ
ササラダニ
土壌菌による
①セルロース分解
ペニシリウム菌
トリコデルマ菌
酵素セルラーゼ
オチバタケ類による
②リグニン分解
アカチシオタケ
モリノカレハタケ
酵素リグニナーゼ
土壌昆虫・動物による
③軟化セルロース分解
ミミズ
トビムシ
ササラダニ
食枯葉性蛾
H_2O + CO_2
酸素消費
土壌酸欠
発酵分解
〔B〕へ
トビムシ
2−3 mm
分生胞子
菌糸
ペニシリウム
（青カビ）
トリコデルマ
アカチシオタケ
モリノカレハタケ
〔B〕発酵（酸欠状態での不完全分解）
セルロース
デンプン
糖類
$(C_6H_{12}O_6)_n$ → CO_2 + C_2H_5OH（アルコール）
芳香
酵母菌
コウジカビ（ペニシリウム）
酵母菌
子のう
出芽
胞子
単細胞、菌糸出さず
腐生菌として土壌中に多種存在

には不可欠の栄養である。土壌昆虫のなかには、落葉分解菌の子実体を食べて、アミノ酸を得ているものも多い。落葉層は、一見、栄養のない、ガラクタの集まりにみえるが、セルロース分解菌によって分解されれば、栄養の宝庫となるのである。

b　不完全分解コース　―醗酵―

昆虫・動物や好気性菌類による分解活動は、大量の酸素を消費する。したがって、落葉層内は、一時的に酸欠状態におちいる。そんな状況のなかで、落葉分解に働くのは嫌気性菌類である。その代表が酵母菌《こうぼ》（原始的子のう菌）や麹《こうじ》カビ類（不完全菌）である。

酵母菌は、有機物分解菌として、土壌中に多種類が生息している。酵母菌は菌糸を出さず、子のう内の胞子が発芽する形で、新しく胞子を生産する。酵母菌はセルロースを分解するのは得意ではないが、デンプンや糖類はよく分解するという。

麹カビ類は、たとえば、米や大豆を醗酵させて酒や味噌をつくるコウジキン（シロカビ）も含まれる菌群である。これらの仲間は、森林土壌中にも広く存在しており、落葉分解にも関与していると思われる。不完全菌のアスペルギルス（Aspergillus）やペニシリウム（Penicillium）の仲間が中心になっている。これらの菌はセルロースを分解する。そして、セルロース分解でできた糖類を、さらに醗酵させてアルコールや有機酸（クエン酸など）を生産するのではないか、と思われる。

秋、落ち葉の積もった森のなかを歩いていると、ときどき、芳香がただよってくる。とくにカツラの場合、甘く焦げた、カルメラような香りが出てくる。これも、森のなかの、一種の醗酵現象ではないか、と私は考えている。

（注）水中での有機物分解は細菌が担当しているが、酸欠状態で有機物を分解すると、メタンガスが発生し、残物はヘドロとなって川を汚染する。有害物質を発生させる不完全分解は、「腐敗」といい、「醗酵」とはいわない。

かわいい落葉分解キノコをさがそう

キノコ、というと、たいていの人は、食べられるか、毒か、という点に関心をむける。だから、小さいキノコには、目がとどかない。しかし、落葉分解の働きをしている主力部隊は、こんな小さなキノコたちなのである。

ブナの森を歩いていると、チシオタケやアカチシオタケをよくみかける。落葉落枝を分解する小さなキノコであるが、この子実体の柄は、細長くて赤い。柄を折ってみると、赤い液が出てきて、指が赤く染まる。血の出る「きのこ」をみると、はじめての人はおどろく。そして、キノコへの興味に変わる。

ブナの実に寄生する、小さなキノコがある。落ち葉のあいだに、直径二〜三ミリの、淡黄色の傘が散らばっている。ウスキブナノミタケというキノコである。この子実体は小さすぎて、それを指摘しないと、たいていの人は見逃してしまう。傘の下の柄が、土のなかにのびている。注意深くほっていくと、その先端にブナのタネがついている。それをほりあてた人は、一種の喜びをともなった感動を味わう。それはまさに、森の妖精との遭遇なのである。

平成十二年はブナの豊作年だった。そして、鳴子の山では、ウスキブナノミタケも大発生した。ブナの実《み》の豊作は五〜六年に一度の間隔でやってくる。ウスキブナノミタケは、ブナの実がならない年は、どこで、どんな姿で生きているのだろうか。

ウスキブナノミタケの「きのこ」は秋に出るが、梅雨のころブナの実の殻に出る、小さな白い「きのこ」がある。群馬県玉原のブナの森でみた。キノコ図鑑には載っていないので、私は勝手にヒメシロブナノミタケという名をつけている。

ハリガネオチバタケというキノコがある。子実体の柄は細長いが、針金のように強靭である。小さい傘には、赤いすじがあって、とてもかわいい。仙台の青葉山でみたことがある。ハナオチバタケと呼ぶ人もいるが、ハリガネオチバタケのほうが、「きのこ」の実態をよく示していて、名前としてもおもしろい。スジオチ

表4　キシメジ科クヌギタケ属（Mycena）

和名	学名	出現季	分解物
①ベニカノアシタケ	M.acicula	秋	落葉落枝
②コウバイタケ	M.adonis	春～秋	落葉
③チシオタケ	M.haematopus	8～10月	枯木束生
④サクラタケ	M.pura	8～10月	落枝
⑤ヒメサクラタケ	M.roseocandida	秋～冬	落葉束生
⑥アカチシオタケ	M.crocata	8～11月	落葉朽木
⑦ヒナノヒガサ	M.fibula	春～秋	苔のあいだ
⑧ウスキブナノミタケ	M.luteopallens	10～11月	ブナの実
⑨ハイイロナメアシタケ	M.vulgalis	秋	松林落葉束生
⑩クヌギタケ	M.galericulata	7～10月	切株束生
⑪センボンクヌギタケ	M.laevigata	冬～春	朽木束生
⑫アクニオイタケ	M.alcalina	春～秋	針朽木束生
⑬ニオイアシナガタケ	M.filopes	秋～冬	落葉
⑭ニセアシナガタケ	M.flociipes	夏～秋	落枝
⑮アオミノアシナガタケ	M.amicta	夏～秋	針切株枯枝
⑯シラウメタケモドキ	M.lactea	夏	針落葉落枝
⑰シロコナカブリ	M.osmundicola	夏～秋	針落葉落枝
⑱キュウバンタケ	M.stylobates	夏～秋	落葉落枝
⑲シロサクラタケ	M.subaquosa	秋	松林落葉

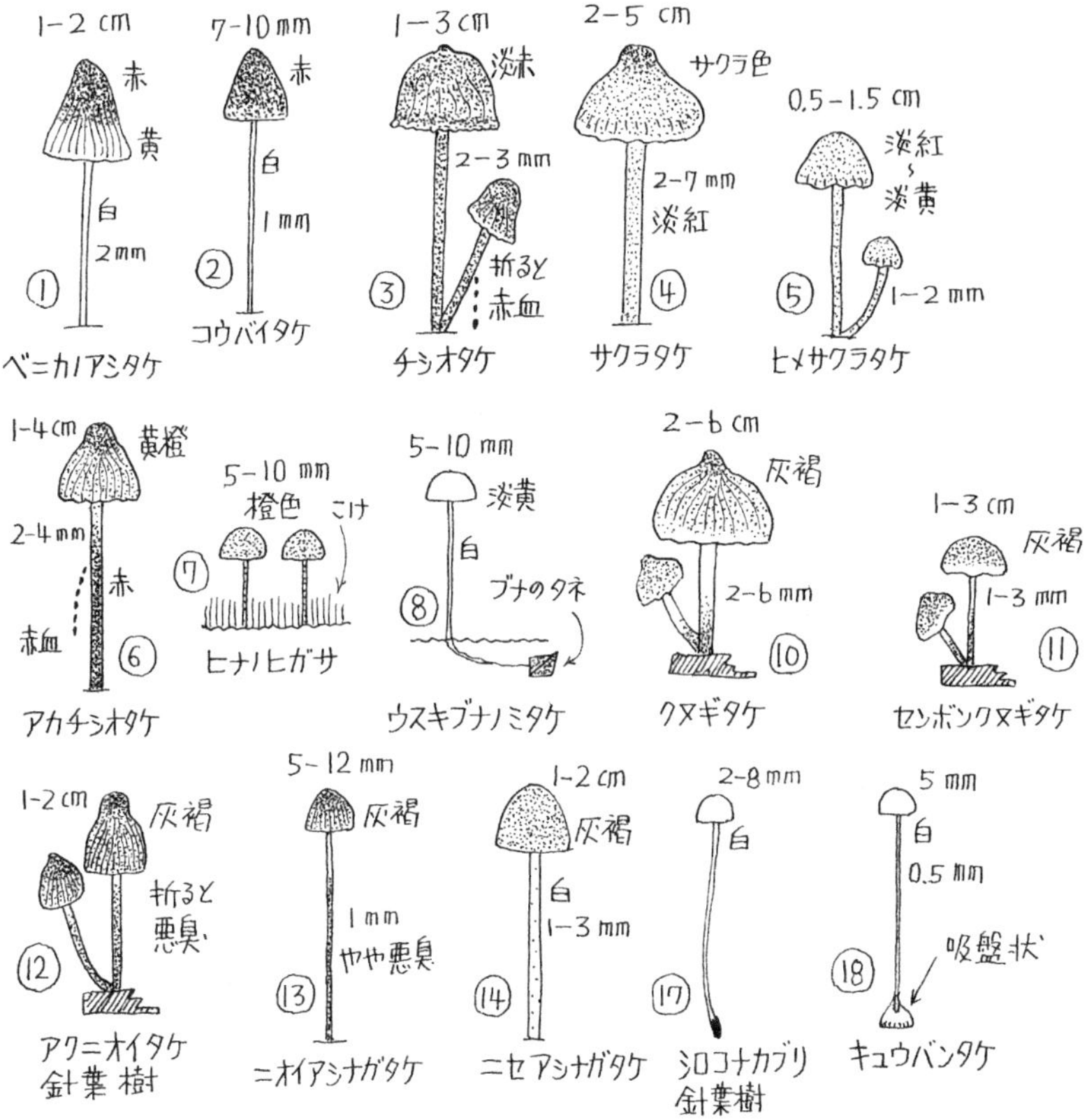

1-2 cm
赤
黄
白
2mm
①
ベニカノアシタケ
7-10 mm
赤
白
1 mm
②
コウバイタケ
1-3 cm
淡赤
2-3 mm
折ると
赤血
③
チシオタケ
2-5 cm
サクラ色
2-7 mm
淡紅
④
サクラタケ
0.5-1.5 cm
淡紅
~
淡黄
1-2 mm
⑤
ヒメサクラタケ
1-4 cm
黄橙
2-4 mm
赤
赤血
⑥
アカチシオタケ
5-10 mm
橙色
こけ
⑦
ヒナノヒガサ
5-10 mm
淡黄
白
ブナのタネ
⑧
ウスキブナノミタケ
2-6 cm
灰褐
2-6 mm
⑩
クヌギタケ
1-3 cm
灰褐
1-3 mm
⑪
センボンクヌギタケ
1-2 cm
灰褐
折ると
悪臭
⑫
アクニオイタケ
針葉樹
5-12 mm
灰褐
1 mm
やや悪臭
⑬
ニオイアシナガタケ
1-2 cm
灰褐
白
1-3 mm
⑭
ニセアシナガタケ
2-8 mm
白
⑰
シロコナカブリ
針葉樹
5 mm
白
0.5 mm
吸盤状
⑱
キュウバンタケ

クヌギタケ属のキノコたち

バタケは、ハリガネオチバタケに似ているが、傘の柄はやや太い。春から夏にかけて出てくる。傘にすじがあるのは、ホウライタケの仲間である。

針葉樹林には、針葉樹の落葉・落枝にだけつく分解菌がいる。スギの落枝に発生するスギエダタケの「きのこ」は、初夏にはもう出てくる。ヒノキの落ち葉にはヒノキオチバタケが発生する。これは小さい「きのこ」で、よく注意しないと、見逃してしまう。私は、青森県津軽半島のアスナロの森でみたことがある。

松ぼっくりに発生するキノコがある。マツカサキノコと

表5　キシメジ科ホウライタケ属（Marasmius）

和名	学名	出現季	分解物
①ヒノキオチバタケ	M.chamaecyparidis	春～夏	針落葉
②ミヤマオチバタケ	M.cohaerens	秋	落葉
③ヒメホウライタケ	M.graminum	夏～秋	イネ科草遺体
④オオホウライタケ	M.maximus	7～9月	針広落葉
⑤スジオチバタケ	M.purpureostriatus	春～夏	落葉
⑥ハリガネオチバタケ	M.siccus	夏～秋	落葉

表6　キシメジ科マツカサキノコ属（Pseudohiatula）

和名	学名	出現季	分解物
⑦マツカサキノコ	P.esculenta	秋	松かさ
⑧スギエダタケ	P.oshimae	8～10月	スギ落葉落枝
⑨マツカサキノコモドキ	P.stephanocystis	12～3月	松かさ

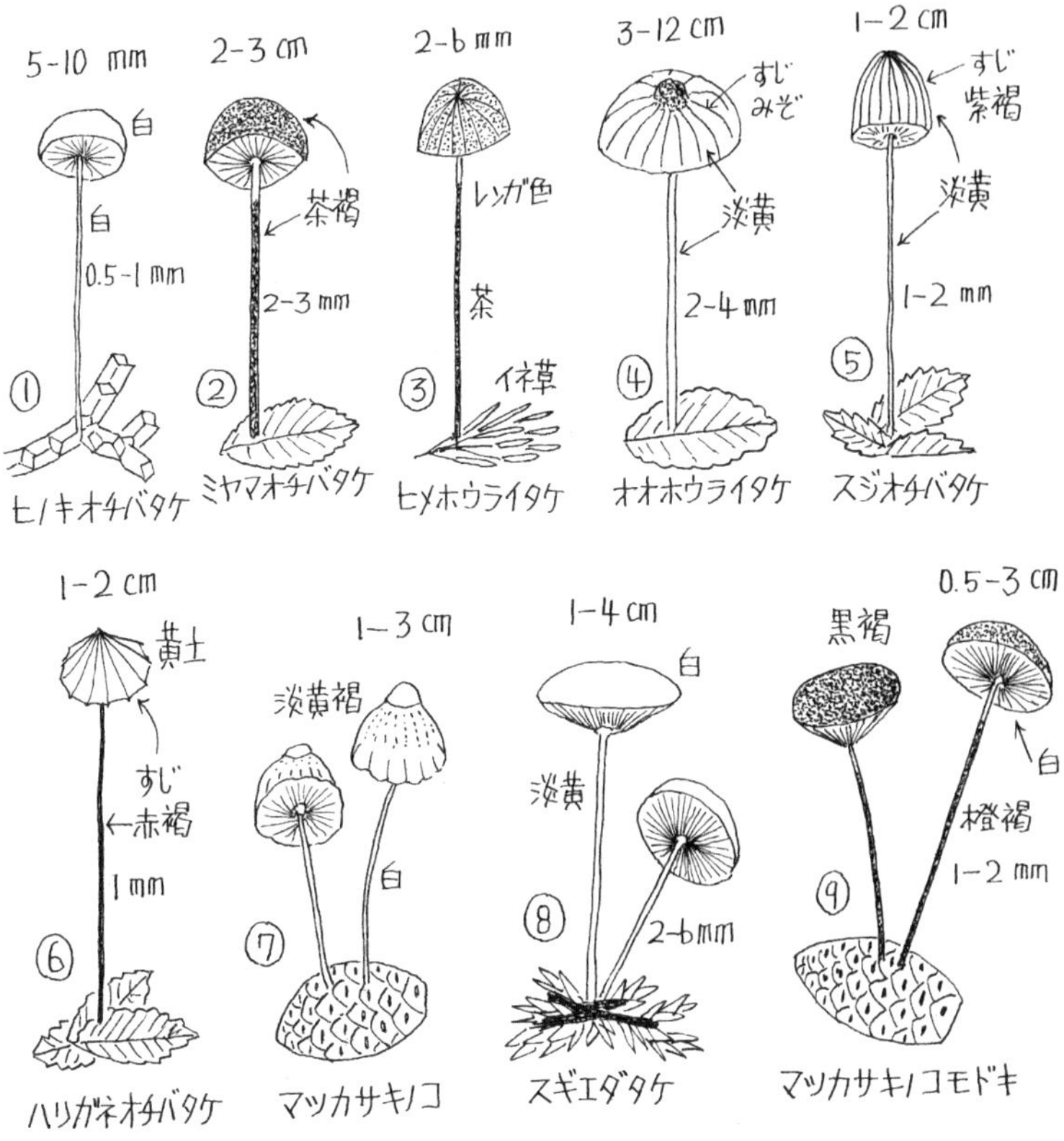

ホウライタケ属とマツカサキノコ属のキノコたち

いう名がついている。子実体は冬に出てくる。このキノコは、冬の松林の散策を楽しくさせてくれる。

落葉・落枝を分解する、かわいいキノコはたくさん存在する。クヌギタケ属、ホウライタケ属、モリノカレハタケ属などに多い。小さなキノコの探索は、森の妖精を探すような、メルヘンチックな楽しさがある。

根菌の仕事

――樹木の根に寄生する――

「きのこ」は、どうして秋に出るの？

キノコで、もっとも早い季節にあらわれるのはハツタケである。ハツタケとは、初めてのキノコ、という意味である。ではどうして、ハツタケは一番早く出てくるのだろうか。

じつは、なにもハツタケが一番というわけではない。夏も終わりごろ、森のなかを歩いていて、よく目につくキノコはベニタケ類である。ベニタケをみると、もうキノコの季節になったか、という印象をうける。

傘はあざやかな紅色だが、傘の裏側はまっ白である。この仲間にドクベニタケという種類があって、その名から連想するのか、赤いキノコは毒、という認識が広がっている。しかし実際は、辛いだけで、それほどつよい毒性はないらしい。

ベニタケの仲間は、赤、茶、淡青、灰色、白と、傘の色はさまざまである。しかし、傘の裏は、いずれも白い（例外もある、アカモミタケ）。傘に傷をつけると、白い乳液を出す種もある。この仲間は、チチタケと呼ばれている。これらベニタケの仲間は、みんな、傘の柄がきれいに裂けない。裂くと、ボロボロと崩れてしまう。これがベニタケ類の見わけ方になる。

ベニタケの仲間は、じつは、生きた木の根に寄生し、根から栄養をもらって生きている根菌《こんきん》なのである。ハツタケ（傘は褐色）もベニタケの仲間で、マツの根に寄生している。ドクベニタケは雑木林に出る。コナラなどの広葉樹の根に寄生すると思われる。シロハツタケは、大がらで、全体が白くて、よく目立つ。やはり雑木林に出る。

ベニタケ類とおなじように、夏の終わりから出てくるキノコに、イグチの仲間がある。イグチ類は、傘の裏がひだ状ではなく、管状になっている。カラマツ林にはハナイグチが出る。傘は橙褐色でぬめりがある。信州ではジゴボウという名で呼ばれており、大根おろしにあえて食べる。しかし、宮城県では、あまり食べない。雑木林やマツ林では、傘が茶褐色のヌメリイグ

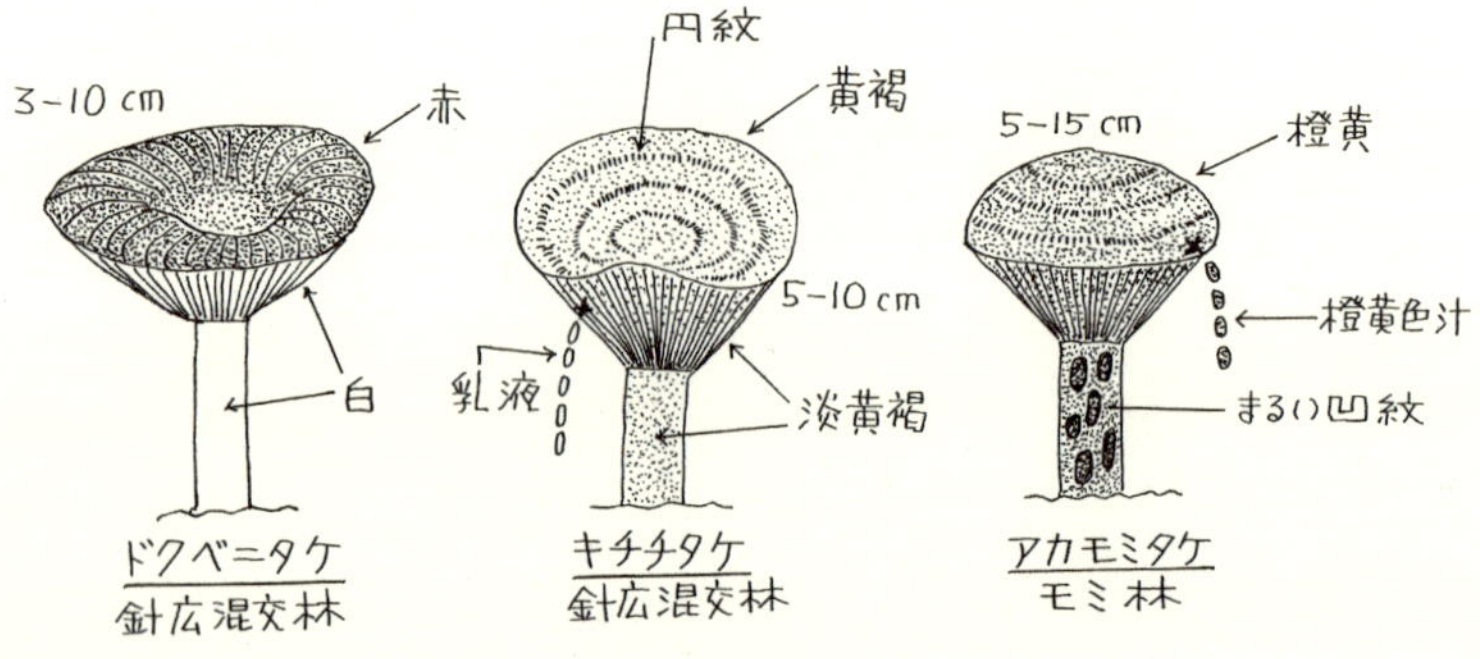

ベニタケの仲間

チがよくみられる。これらイグチの仲間も、樹木の根に寄生する根菌である。

テングタケの仲間も、根菌である。

では、どうして、根菌の子実体《しじつたい》は、比較的早い時期の、夏の終わりごろから出現するのだろうか。

私は、かつて、木の葉を摘む実験で、葉の存在と幹の成長との関係をしらべたことがある。木の成長は、一般に、八月下旬に終了する。しかし、九月いっぱいは、葉は青々している。これはこの時期も、葉はさかんに光合成をしていることを示している。この時期、葉で生産された栄養は根に送られるらしい。冬に備えて、根に抵抗力をつけるため、と私は考えている。

もし、八月下旬に全葉を摘んでしまえば、栄養が根にとどかず、冬、根腐れをおこして、枯れてしまうことが多い。しかし、葉を摘まなければ、栄養は根をとおして、根菌にもまわり、根菌は元気になって、土中の雑菌から根を守ってくれる。だから、根腐れをおこすことはない。

根菌の子実体の多くが、夏の終わりごろから出現してくるのは、この時期、根菌に栄養がまわってきて、子実体を生産する

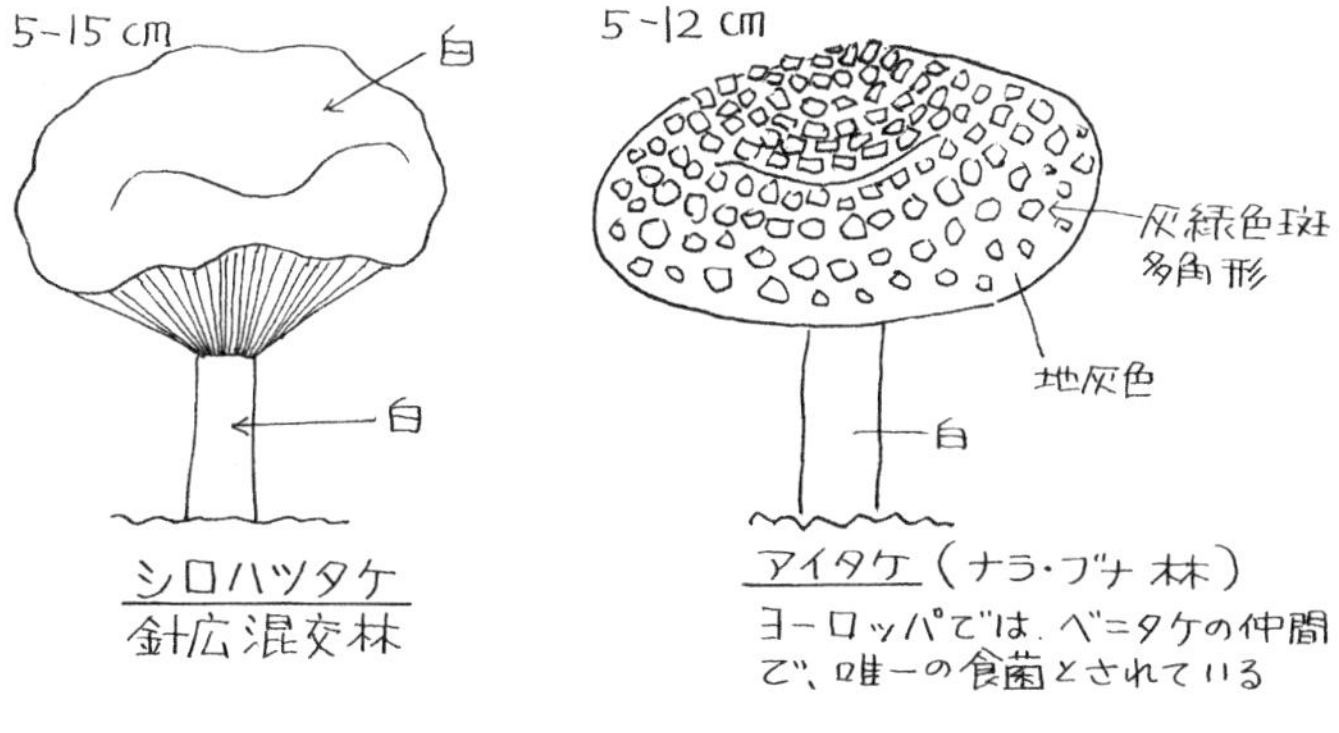

ベニタケの仲間

力が出てくるため、と思われる。

マツタケは永遠の不作

昭和二十年代、関西ではマツタケは庶民の食べものだった。すきやき、といえば、牛肉にマツタケ、ときまっていた。秋、六甲《ろっこう》の山を歩けば、マツタケの香りがプンプンしたものだ。それが、三十年代の中ごろから、だんだん採れなくなり、五十年代になると、もう、高級料亭の高嶺の花となってしまった。

マツタケ生産量の減少推移は、灯油・プロパンガスの使用量の増加推移と、ちょうど逆の関係にある。これは、燃料として薪《たきぎ》をとる必要がなくなったため、山が放置されるようになったことを意味する。

六甲あたりのアカマツ林を放置すると、どうなるか。数年のうちに、ソヨゴ、ヒサカキなどの常緑低木と、ナツハゼやネジキなど、ツツジ科の落葉低木が繁茂しはじめ、林床には多量の広葉樹の落葉・落枝が積もってくる。そして、これらを分解するカビやキノコが増加し、アカマツの根に寄生しているマツタケ菌は追い出されてしまうのである（小川『マツタケの生物学』）。

マツタケは、アカマツの根から栄養をもらって生活している根菌の一種なのだが、土壌中の雑菌にはか

タマゴタケはテングタケの仲間であるが、食べられる（福島県民の森にて、撮影：髙橋眞）

なり神経質らしい。マツタケがもっとも好む環境は、松葉の落葉層が地面をかるくおおうていど（人間が落ち葉かきをするか、急斜面で落葉が風で飛ばされる）で、林齢が二〇～三〇年くらいの、壮齢の、元気なアカマツの純林だという。広葉樹が混交すると、もうマツタケは発生しなくなる。

マツタケ山に広葉樹が増え、落葉層が厚く堆積して、土は肥沃になっていく。日本では、マツタケはもう、永遠の不作になりつつある。これは、悲しむべきことか。そうではない！　マツタケの不作は、山の生産力がよい方向に進行していることを意味する。マツタケが採れなくなったのは残念だが、日本の山林の土が豊かさをとりもどしつつあることは、喜ぶべきことなのである。

根菌の働き

樹木の根に菌糸がまとわりついた根を菌根《きんこん》という。菌根菌《きんこんきん》という言葉は、菌根をつくる菌、という意味で使われているが、そのへんの事情を知らない一般の読者にとっては、なんとも不

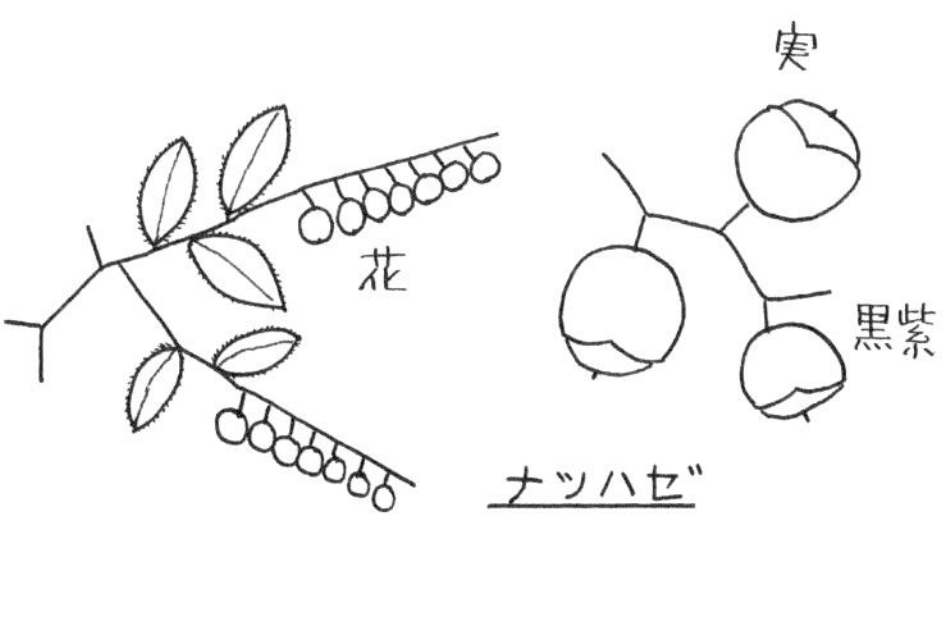

可解な言葉にひびく。そして、理解のしにくさから、読むのを止めてしまう。私は、もっと単純に、菌糸のからみついた根は菌根、そして、根に菌糸をからませる菌は根菌と表現したい。

根菌といっても、なにか、特殊なものではない。われわれに親しいキノコの半分は根菌なのだから。キノコは、大きく二つのグループに分けられる。一つは、枯れ木や落ち葉を分解するキノコで、シイタケやナメコ、サルノコシカケの仲間、あるいは小さなオチバタケ類がそれにはいる。栄養は、枯れ木・落ち葉のセルロースやリグニンを分解して、得ている。

もう一つは、生きた木の根に寄生して、根から栄養をもらうキノコである。マツタケやシメジがそれにあたる。この第二のグループが根菌なのである。私が根菌の重要性に気づいたのは、数年まえ、ジョンストン女史『カリフォルニアの森』（『セコイアの森』八坂書房）を翻訳していたときだった。その本には、つぎのような記述があった。

「これらの特殊な菌（ミコリザ菌）は、宿主樹木の小さな成長根の先端を、マントのように菌糸で包み、あるいは菌糸が細根のなかに入りこみ、宿主と共生関係をきずく。根菌は、宿主の根系の、ひじょうに有能な外縁部として働く。すなわち、木の根が到達できない範囲の土壌から、ミネラルと水と燐を吸収し、それを木に送りこむ。燐は、木の伸長と発育に不可欠のものだが、木自身の根の吸収力では量的にあまりにも少ししかとれないのである。また、根菌は、病源菌から宿主樹木を守るための化学物質を供給する。この、すべての利益の見返りとして、宿主樹木は根菌に、葉で生産した単糖類をあたえる。

針葉樹、ナラ、ドロノキ、ヤナギ、ハンノキはみんな、根にミコリザ菌をもっている。ある菌は、ひじょうに狭い範囲の樹種と特別関係をむすんでいる。またある菌は、もっと広い範囲の樹種と関係をもっている。一〇〇種以上の根菌が、ダグラストガサワラと相互関係を結んでいる。ベニテングタケ（Amanita muscaria）は、赤地に白の斑点のある、美しい毒菌であるが、カリフォルニア州沿海北部の森のすべての針葉樹と関係を結んでいる。

——中略——

多くの植物は、ミコリザ菌との関係なしには生存できない。カリフォルニア産のモントレーマツのタネが、一九二七年、オーストラリア西部の苗畑に導入されたとき、マツのふるさと（カリフォルニア）の土を加えないかぎり、みじめなほど失敗した。マツは、正常に成長するために、かれ自身のミコリザ菌を要求したのである。」（文は一部修正）

菌根を形成する菌は、担子菌類《たんしきん》ではテングタケ属（Ａｍａｎｉｔａ）、ヤマドリタケ属（Boletus）、チチタケ属（Lactarius）、ベニタケ属（Russula）、イグチ属（Suillus）など、子のう菌類ではセノコクム属（Cenococcum）などである。（Tainter & Baker『Principles of Forest Pathology』）

セノコクムに関しては、高橋郁雄『北海道きのこ図鑑』に、つぎのような記述がある。

「六～九月ごろ、エゾマツ、ダケカンバ、

ベニテングタケ
（乗鞍高原にて、撮影：髙橋眞）

ブナの稚苗や稚幼樹の細根に寄生する。とくにエゾマツ天然生苗に菌根をつくり、天然更新上の重要な役割を果たしている。」

根菌もカビの仲間である。樹木の根という、人の目からみえない世界でも、カビが重要な働きをしていることがわかる。

樹上葉内生菌
——生葉と共生する——

土壌菌から樹上菌へ

葉の任務は栄養生産（光合成）にある。仕事の終わった葉は、落葉するまえに、栄養（糖分やアミノ酸）を、樹木本体に返却してしまう。落葉は、セルロースとリグニンだけの、栄養のない有機物として、落下してくる。こんな落ち葉を栄養に変換できるのは、不完全菌のペニシリウムや担子菌《たんしきん》のキノコたちである。セルロースは菌に分解されてブドウ糖になる。ブドウ糖に変換された落ち葉は、今度は、昆虫や小動物が、あらそって摂取してしまう。

樹上葉に寄生する菌の多くは（たとえば、ハリギリのフィロスティクタ菌）、落葉を分解する土壌菌のなかから、落葉寸前の生葉に寄生して、ほかの菌より一足さきに栄養をいただく、という作戦に出た、ちゃっかり菌だと思う。

土壌の落葉分解菌から樹上の生葉寄生菌に進化するためには、ひとつの関門がある。それは、葉の表面を保護しているクチクラ層を突破しなければならないことだ。春から夏にかけて若葉に寄生する灰色カビ病菌（Botrytis cinerea）、ほか数種の菌は、ペクチナーゼという、クチクラ分解酵素をもっているという。これは、健康な葉と戦うことの意志表示とみられる。

しかし、樹上葉に寄生する菌の多くは、クチクラ分解酵素をもっていない。だから、健康な成葉には寄生できない。葉に侵入できるのは、なんらかの原因でクチクラに傷ができたときか、あるいは、秋になって葉の仕事が終わり、クチクラ層が壊れて防衛力が衰えてきたときだろう。

葉枯れ性疾患（葉の組織を破壊する）をひきおこすグループの菌は、土壌中の腐生菌《ふせいきん》から樹上の生葉を分解するように進化してきたものであろう。ペスタロチア菌の仲間は、そんな性質をもった菌ではないか、と思う。

共生菌への道

ハリギリのフィロスティクタ菌は斑点性の病菌である。葉枯れ性の病菌とちがって、葉の組織（セルロース）を分解する意志はない。気孔から葉のなかに静かに入って、葉の活動を妨害せず、葉が生産活動を終えたとき（夏の終わりから秋にかけて）、不要になって葉に残留している養分（デンプンや糖）をいただく、というのが、フィロスティクタ菌の生活の仕方らしい。この菌は、樹木との共存を指向しているようにみえる。

では、ハリギリのフィロスティクタ菌は、どのようにして、いつ、ハリギリの葉のなかに侵入するのだろうか。ひとつは、落葉に形成された分生子《ぶんせいし》が、春、風に乗って、近くのハリギリの新葉に飛散・定着する方法である。しかし、この感染ルートだけでは、毎年、すべての葉に病斑が形成されることの説明がしにくい。

そこで、私は、つぎのような、第二の感染法を考えてみた。樹上葉内にもぐり込んでいた菌糸は、秋の落葉まえに、葉柄をとおって、樹木本体の小枝の組織内にもぐり込み、そこで越冬する。そして翌春、新葉が展開してくるとともに、菌糸は活動を再開し、枝から新葉にもどってくる。菌糸は、新葉にもぐり込んでも、すぐには活動せず、夏が終わるころまで、じっと眠っている。葉が、そろそろ任務を終える段階にきたとき、つまり、夏の終わりから秋になると、やっと菌は活動を開始し、全葉に菌糸をのばし、病斑を形成する。そして、秋おそくなって、幹と葉柄のあいだに離層《りそう》ができるまえに、菌糸はまた、樹木本体の枝にもどって、越冬する。

この生活方法は、じつは、内生菌《ないせいきん》への道にほかならない。

内生菌の仕事

根菌の多くは、菌糸が樹木の根にからみついているので、外部から認識できる。外生菌《がいせいきん》と呼ばれている。一方、樹木の体内で生活している菌がある。内生菌と呼ばれている。内生菌は人の目にはみえないし、子実体も作らないので、研究は進んでいないし、われわれにもなじみにくい。その内生菌が、樹上葉にも生息していて、いろいろ興味ある働きをしていることが、最近、徐々に明らかになりつつある。

私が、内生菌について、はじめて興味ある記述にふれたのは、ハインリッチ『森は知っている』(角川書店)を読んだときだった。この本は法村里絵《のりむらりえ》さん(推理小説の翻訳家)が訳したものだが、樹木や昆虫やキノコなど、生きものの名がたくさん出てくるうえに、森林管理に関する特殊な用語も出てくる、ということで、私に、訳の原稿に目をとおしてほしい、という依頼があり、読んでみた。著者(ハインリッチ)は、昆虫学者のくせに、キノコの話まで書いている。すごく、おもしろい内容で、訳もうまく、私もつい、夢中になって読んでしまった。その中に、ドイツの科学者によって研究された内生菌の話が出ていた。

「それは『内生菌』と呼ぶもので、その菌類は寄生の兆候もなく、人目につかぬまま、友好的なテナントのように木の中にすみつく。—略—。オークの葉にすみつく内生菌は地雷に似ている。地雷は、踏まないかぎり爆発しない。その存在さえわからない。それは、小さな寄生性の昆虫が葉にすみついて虫こぶができないかぎり爆発しない。この菌は小さな昆虫によって活性化され、オークの葉が昆虫を撃退するのを助ける。つまり内生菌は、寄生虫を撃退することで木にテナント料を支払っているのだ。」

また、最近出た『ブナ林をはぐくむ菌類』という本のなかで、畑邦彦さんは、内生菌に関する最近の情報を伝えているが、そのなかで、つぎのようなアメリカからの研究報告を紹介している。北アメリカの針葉樹ダグラスファーの針葉に虫こぶをつくるタマバエがいるのだが、針葉に感染している内生菌ラブドクリネ・パルケリ(子のう菌)の働きで、タマバエの死亡率が増加する、というのである。

内生菌は、樹上葉に寄生しながら、自分のテリトリーに侵入してくる、ほかの菌や昆虫を排除しているらしい。撃退法は、おそらく、抗生物質を分泌するのだろう。

抗生物質　―菌の排他的作用―

伊藤一雄『樹病学大系』には、広樹葉の葉に寄生するフィロスティクタ菌が三二種記載されている。実際は、ほとんどすべての樹種に寄生しているのではないか、と私は考えている。そして、おもしろいことに、ひとつの樹種にフィロスティクタ菌は一種だけ、という形になっている。

これは、フィロスティクタ菌が、それぞれの樹種の葉の特異性に適応することによって、それぞれ独自の菌種に進化していったことを示している。つまり、樹種の数だけ菌種がある、というわけである。では、ひとつの樹種にひとつの菌種は、なにを意味するのだろうか。それは、よそものを排除する菌の排他的性質による。それは、葉を食べる虫と比較してみると、よくわかる。

葉くい虫は、ある樹木の葉を餌にするとき、ほかの昆虫たちを排除せず、多科多種の混合社会を形成する。原因は、樹葉に空き部屋がたくさん残っているからである。樹葉に空き部屋が残っているのは、葉くい虫が天敵群によってコントロールされていて、むやみに増えないシステムがあるからである。

ところが、樹葉菌の場合は、生活型が似ている同属あるいは近似属のあいだでは、一樹種一菌種、という掟ができている。原因は、菌の排他的性質にある、と私は考えている。菌は、他種の菌の侵入にたいしては、抗生物質を分泌して、自分のテリトリーを守ろうとするのだ。あるひとつの菌種が樹葉を支配しているかぎり、ほかの菌種にとっては、空き部屋は存在しない。たとえ、空間的には空き部屋があっても、部屋を探している別種の菌がその部屋に入ろうとすれば、見張り番の菌に排除されてしまうのである。

葉くい虫の場合は、ほかの種類の葉くい虫にたいして、とくに見張りをしてはいない。ほかに、見張らなければならない、おそろしい敵がいるからだ。それは、昆虫を食べにやってくる天敵（野鳥、捕食昆虫、寄生昆虫）である。天敵にたいする防衛がたいへんで、それに大きなエネルギーを使っているから、自分の身に直接害を加えない、他種の葉くい虫のことなど、かまっていられないのである。

しかし、菌には、昆虫にみられるような天敵はいない。だから、生活の仕方が似ている、近い種の樹葉菌が防衛対象となってくる。そして、昆虫の外敵にたいする防衛作戦が、もっぱら逃げの一手であったのにくらべると、菌の防衛法は、攻撃的である。土壌菌のペニシリウムでも、ペニシリンという抗生物質を出す。

一九九一年、カリフォルニア州の森林において、国立癌研究所の科学者が、タイヘイヨウイチイの樹皮と針葉から、卵巣癌の治癒に効果のあるタキソールを発見した（ジョンストン『カリフォルニアの森林』）。このことは、日本のマスコミでも、大きく報道された。私は最初、イチイがもつ化学成分それ自体に抗癌作用があるのか、と思っていたのだが、『ブナの森をはぐくむ』という本の著者によると、イチイの葉や樹皮にすむ内生菌がタキソールという抗癌物質を生産するのだ、という。もしそうだとすると、イチイにたいする評価もかわってくる。すごいのは、イチイではなく、イチイの樹葉に生きる内生菌、ということになる。もちろん、そんな内生菌を養っているイチイも、すごいことにはかわりないが。

カビの奉仕活動

ランの作戦、カビの意図

高校生のころ、樹木に関心をもつまえに、野生ランに興味を感じていた。興味は、野外での植物観察から得たものではなく、植物図鑑から得たものだった。暇があれば、植物図鑑の頁をめくっていた。実物をみたこともないのに、これはハクサンチドリとか、これはスズムシソウとか、名前だけはおぼえてしまった。鳥や虫の名前がついていたのが、おもしろかったのかもしれない。

のち、大学は農学部の林学科で学ぶこととなった。奥秩父の山のなかでの樹木学実習で、はじめて、いろいろな野生ランをみた。しかし、ふしぎなことに、図鑑では、あれほど興奮させてくれたランだったが、野外での実物からは、期待したほどには感動をうけなかった。むしろ、地味にみえる樹木のほうに、つよくひかれるものを感じた。

その後の私の生活は、もっぱら樹木とかかわっていくのだが、最近になって、また、ランのことに少し関心が出てきた。それは、中国雲南の熱帯雨林で、樹上に咲くランの花をみたからだ。花が美しいからではなく、その奇妙な生活の仕方に興味がわいたのだった。

ランのタネの大きさは、一〜二ミリしかない。すごく小さいのだ。そのかわり、数はものすごく多い。小さい袋のなかに、何万ものタネが詰まっているという。風でタネを大量に飛散させるやり方は、原始的な植物のやり方だ。しかし、ランは、もっとも進化した植物群なのである。ランは、どうして、こんなタネのばら播《ま》き作戦をとっているのだろうか。

小さいタネの、大量ばら播き作戦は、第一級の陽樹がとっている。ヤナギ科、カバノキ科の仲間がその代表である。スイカズラ科のタニウツギも、そうだ。

これらのタネは、林内では発芽できず、発芽したとしても、生きていくことはできない。太陽光のがんがんあたる、裸地がかれらの理想郷なのである。たとえば、川原、山の崩壊地、尾根すじや海岸の岩場、といった場所である。しかし、そんな場所は、どこにでもあるというものではない。そこで陽樹たちは、タネを小さくして、風で遠くまで飛散させる方法をとった。「へたな鉄砲も数撃ちゃあたる」式のやり方である。そんな陽樹の気持ちは、それなりに理解できる。

では、ランがタネを小さくした意図はなんなのか。ランのふるさとは熱帯雨林にある。そのなかでランが生き残っていくために、小さなタネをつくらなければならなかった理由はなんなのか。

熱帯雨林の林床《りんしょう》は、ほとんど光がとどかない。だから、小さな野草たちは、光なしで生きていく工夫をしなければならない。熱帯雨林のなかで、野草が生きていく方法は二つある。

ひとつは、光のとどく林冠《りんかん》にのぼること。そのためには、高木の幹の上のほうに、うまく着生しなければならない。そして実際、熱帯の多くのランはそれに成功している。

平成十二年、中国雲南省シーサンパンナの「野象の森」で、熱帯雨林をリフトに乗って上から見る、という経験をした。さまざまな樹木が林冠を構成していたが、そのなかで、樹の幹に着生しているランの花を、あちこちでみた。多くのランが、熱帯雨林の林冠部分で生活していることを知った。その代表的なものをあげれば、デンドロビウム、バンダ（シンガポールの国花）、ファレノプシス（コチョウランの一種）など、ということになる。

樹幹着生ランは、自分の子供たちを、まわりの木々の樹冠に送りとどけるためには、タネをできるだけ小さくして、風で空に舞い上げる作戦をとるのが一番、と考えたようだ。タネが地上に落ちることは、死を意味する。こう考えると、ランがタネを可能なかぎり小さくした気持ちも理解できる。

ランが、熱帯雨林で生きる、もうひとつの方法は、光を必要としない生き方である。林床には、落葉が堆積している。これをうまく分解できれば、そこから栄養が得られる。しかし、植物は落葉を分解することができない。できるのは、カビ類だけである。

そこでランは、カビの力を借りることにした。まず、タネのなかにカビ菌をとりいれた。ランのタネが地上に落下したら、タネと菌は発芽する。菌は菌糸をのばして落葉を分解する。分解で得た窒素や糖分はランの本体に送られる。ランは成長して、葉をのばす。葉が成熟すれば、光合成（栄養生産）を開始し、ランは自立できる。しかし、光が少なすぎれば、葉があっても、活躍できない。地上ランのなかには、葉をつけない、無葉のランが少なくない。

（注）樹幹に着生して生活するランを樹上ラン、それにたいして、地上で生活するランを地上ランと呼ぶことにする。

ブナの森でも、そんな無葉ランをみることができる。ツチアケビ、ショウキラン、オニノヤガラなどがそうである。オニノヤガラはナラタケと手を組んでいる。ランと手を組んでいる菌はラン菌と呼ばれている。

地上ランのなかには、樹木の根菌《こんきん》と手を組むものもいる。東南アジアの島々の、熱帯雨林の主力樹種は、フタバガキ科の樹木である。かれらはみんな、根に根菌をもっている。熱帯雨林の土壌層には、根菌の菌糸がネットのように張りめぐらされている。ラン菌の菌糸が、樹木の根菌の菌糸とドッキングすれば、あとは、樹木から栄養をいただくことができる。そうすれば、暗い森のなかでも、ランは生きていける。

ところで、無葉ランで、どうもよく理解できないのは、菌側の意図である。菌は、ランとかかわることによって、どんなメリットがあるのだろうか。樹上ランや、明るい温帯の、落葉広葉樹林の地上ランは、葉が出てくれば、あとは光合成して自立する。だからラン菌は、その後の生活の面倒を宿主のランにみてもらうことができる。「髪結いの亭主」になれる。これはこれで理解できる。

しかし、無葉ランになってしまったランにたいして、ラン菌は、ランの命が終わるまで、面倒をみてやるのだろうか。片方だけが利益をうける共生がある。「片利共生《へんりきょうせい》」と呼ばれている。そんな関係は、長つづ

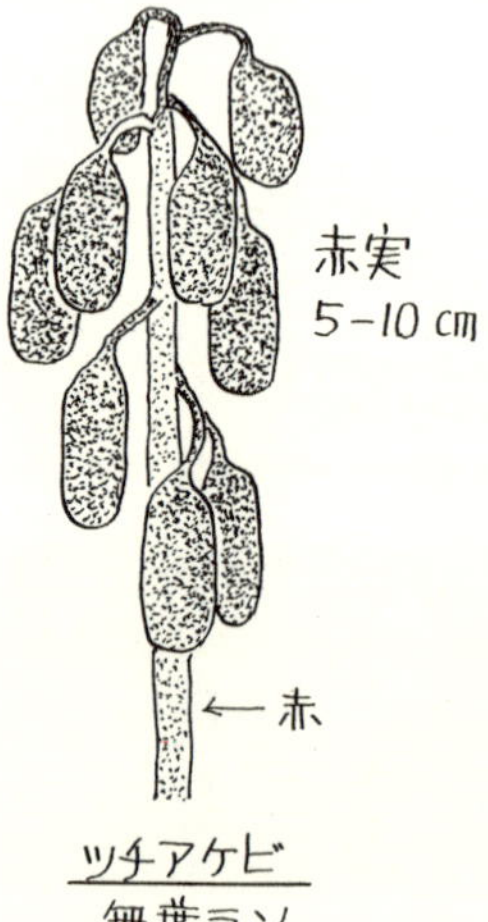

きしない、と思うのだが、無葉ランの菌は、無私になって、無葉ランのために奉仕活動をしているのだろうか。

カビの奉仕活動

東北大学農場の山にはブナの二次林が多い。ブナの二次林を歩いていると、林床のササのないところで、イチヤクソウの群落をよくみかける。葉は、まるく、暗緑色をしていて、地面に接するように出ている。初夏のころ、葉のあいだから、ウメのような、白い花を咲かせる。

ベニバナイチヤクソウは、花が紅色で、なんともかわいい。これは、もうすこし高い山に出てくる。バード・ウォッチングで、裏磐梯《うらばんだい》檜原《ひばら》湖畔の自然遊歩道を歩いているときだった。樹林でキビタキが囀《さえず》っていた。双眼鏡を手に、そっと林内に入る。胸のオレンジ色が目にしみる。ふと、足もとをみると、赤い花が林床を飾っていた。ベニバナイチヤクソウの大群落だった。

イチヤクソウは、深緑の葉をもっているが、光合成が十分できないらしく、根の発育がよくない。そのかわり、根にカビがすんでいて、カビが落葉を分解し、その栄養をイチヤクソウに送っているのだという。半腐生《はんふせい》植物といわれている。

ナラタケ

半腐生植物なんていわれると、なんだか、なまけものの植物に思われそうだが、イチヤクソウに聞いてみると、暗い樹林でも、さまざまな野草が生活して、林床の世界をにぎやかにしたいのだが、光が不足していて、現有の葉では十分、光合成ができず、カビの助けをかりる作戦をとっているのだ、という。カビは、イチヤクソウの願いをきいて、落葉を分解し、その栄養をイチヤクソウに送っている。

カビの技術を、もっと徹底的に利用している植物がいる。おなじイチヤクソウ科のギンリョウソウである。ギンリョウソウは緑葉をもたない。全身が白く、ユウレイソウという別名がある。植物図鑑をひもといてみると、ギンリョウソウは腐生植物とある。

ギンリョウソウは、なぜ、緑葉をもたなくなってしまったのだろうか。これは、熱帯雨林の地上ランとおなじだ。光がなければ、植物は生きられない。林床は、植物のすまない、寂しい世界になってしまう。そこで、葉なしでも生きていこう、と努力しているのが、無葉ランであり、ギンリョウソウなのである。カビが、そんな野草たちの気持ちに協力してくれているのだ。

腐生植物とは、落葉などを分解して栄養をとる植物、とされているが、落葉を分解できる植物はいない。実際は、根にカビがついていて、カビが落葉を分解して栄養を植物の根に送っているのである。

ギンリョウソウは、初夏に花を咲かせる。体全体が白いので、花はわかりにくいが、顔を近づけてよく見ると、めしべもおしべもそろっている。秋に花を咲かせるギンリョウソウもある。ギンリョウソウモドキとか、アキノギンリョウソウとか呼ばれている。

イチヤクソウにしても、ギンリョウソウにしても、カビの協力で、暗い森の林床を華やかにしている。生きものの種類が多いということは、楽しいことだ。

しかし、ギンリョウソウに貢献しているカビには、どんなメリットがあるのだろうか。カビは、ギンリョウソウから、なにかお返しをもらっているようにもみえない。それは、カビの単なる奉仕活動なのだろうか。カビは、ギンリョウソウの世話係りになることに、どんな意味を見いだしているのだろうか。

ギンリョウソウの根につくカビ（仮にギンリョウソウ菌と呼ぶことにする）は、土壌中の落葉分解菌から進化した菌と思われる。落葉分解菌は、落葉分解という仕事をすることによって、生態系のリサイクルに貢献しており、その報酬として糖分という収入を得ている。ひじょうに意義のある仕事で、落葉分解菌は、おおいに満足しているにちがいない。

では、ギンリョウソウ菌は、自分の仕事にどんな意義を見いだしているのだろうか。落葉を分解することで、生態系のリサイクルに貢献していることは、いうまでもない。しかし、それに満足せず、落葉分解から得た収入（糖分、窒素、燐）をギンリョウソウという植物につぎこんで、その生活を支えている。それは、奉仕活動とも思える。考えてみれば、ギンリョウソウ菌の仕事の意義は、レベルが一段高い。尊敬に値する行為だ。

私は、前節で、無葉ランに奉仕するラン菌の意図が理解できない、と書いた。カビという生きものが、しばしば奉仕的活動をしていることに、まえまえから疑問を感じていたのだが、いま、ギンリョウソウ菌の奉仕活動の

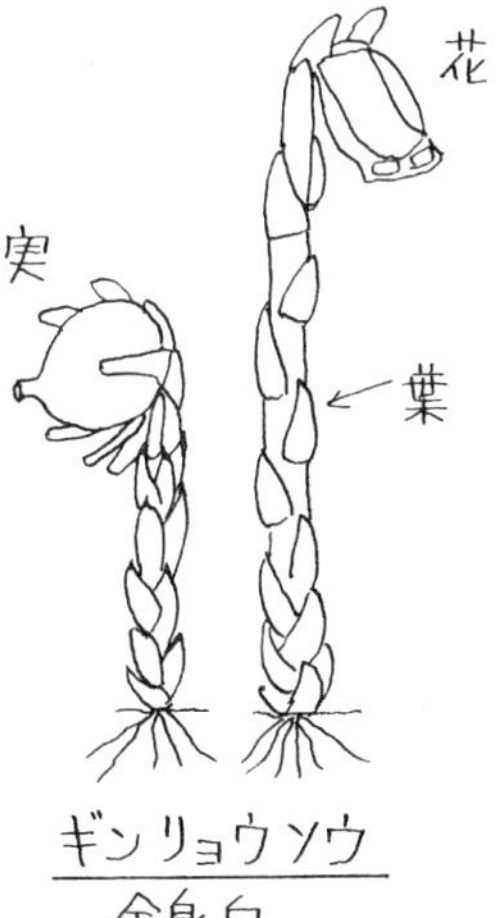

意義を、このように評価してみると、人間としても、なにか教えられるものを感じる。地球の生きものは、みんな、共存共栄の善意で支えあっているようにみえる。それは、地球の意志なのだ、と思う。

枯れ木を分解するサルノコシカケ、落ち葉を分解するオチバタケ、樹木の生きた根に寄生する根菌、そして無葉ランに奉仕するラン菌、などなど。これらカビ類の、さまざまな行動を眺めてきて、カビ類が森の生態系の循環にとって、欠くことのできない、大切な歯車であることが認識できた。

ハンノキ・ハルニレの森やブナの森の生態系を、最初は、好きな野鳥や昆虫の調査をしながら、つぎには、それらの生活をささえる樹木や野草の社会を解析し、最終的にはカビの世界にまで踏みこんで、ようやく、森の全体像がみえるようになった。いま、私なりに満足感を味わっている。

ハンノキのルーツを考える

『ハンノキ物語』の最後の章では、日本に生きているハンノキ類の戸籍とそのルーツをしらべてみたい、と思う。

ハンノキ属（Alnus）は世界に約四〇種存在するという。そのうち日本列島には一〇種存在する。世界の四分の一を日本だけで占めている。中国は、日本の植物にとっては母屋みたいな国であるが、『中国高等植物図鑑』をひもといてみると、ハンノキ属は六種しか記載されていない。ヨーロッパも、せいぜい数種しか存在しない。日本は、もしかしたら、ハンノキ属の天国かもしれない。

では、北アメリカはどうか。気になって文献をしらべてみた。ハンノキ類が約一〇種存在することを知った。北アメリカも、古いタイプの植物がよく残っている大陸である。日本とおなじように、ハンノキ属の天国になっているのかもしれない。

ハンノキ属はハンノキ亜属とヤシャブシ亜属に二分される。ハンノキ亜属には、ハンノキ、サクラバハンノキ、ヤマハンノキ、ヤハズハンノキ、カワラハンノキ、ミヤマカワラハンノキの六種が、そして、ヤシャブシ亜属には、ミヤマハンノキ、ヒメヤシャブシ、ヤシャブシ、オオバヤシャブシの四種が所属している。

ニホンハンノキ（ハンノキ）　Alnus japonica

われわれがハンノキと呼ぶ樹は、学名を Alnus japonica という。だから私は、世界のハンノキ類を論じるときは、ニホンハンノキという和名を使いたいと思う。

樹木図鑑をしらべてみると、ニホンハンノキは、日本列島を中心に、中国東北部やロシアのアムール地域にまで分布する、とある。一見、勢力のつよい種にみえるが、じつは、分布は低湿沼地にかぎられている。そんな、劣悪な環境で生活しているところをみると、ニホンハンノキは、日本列島の低湿地に逃げこんで、やっと生き残っている、古いタイプの生きものではないか。私にはそうみえる。

じつは、A. japonica という種は、『中国高等植物図鑑』には記載されていない。このことは、ニホンハンノキは、ほんとうは中国には存在しないのか、あるいは存在するとしても、記載に値するほどのものではない、つまり、ごくまれな存在であることを示しているのだろう。いずれにしても、乾燥する大陸は、ニホンハンノキの、本来のすみかではない、と思う。

ニホンハンノキに似た樹でサクラバハンノキという種がある。サクラバハンノキは、学名を A. trabeculosa という。中国では、華東・華南に広く分布している。山間の谷川ぞいや平地の川辺に自生しているらしい。日本では、本州の関東以西の湿地に自生するが、みつけるのも困難なほど、まれな種類だそうだ。日本という、湿潤な風土は、体質にあわないのかもしれない。サクラバハンノキは、基本的には、乾燥大陸の樹ではないか、と思う。

吉川・石川『落葉図鑑』をみながら、ハンノキとサクラバハンノキの葉をスケッチしていて、両者は遠い親戚だ、と気づいた。つまり、ハンノキとサクラバハンノキは、おなじ一族で、ハンノキは日本列島に、サクラバハンノキは中国大陸に、すみわけて生活している、というふうにみえる。

ニホンハンノキは、中国大陸のサクラバハンノキが日本列島に勢力をのばしてきた分家なのか、それとも、もともと大陸で生活していたニホンハンノキが、あとからやってきた、進化したサクラバハンノキに駆逐され、日本列島に逃げこんで、低湿沼地で隔離生活をつづけているうちに、ニホンハンノキに変身してしまったのか。私は、後者ではないか、と考えている。

じつは、北アメリカにもサクラ葉型のハンノキが存在する。White alder（A. rhombifolia）と呼ばれているので、ここではアメリカシロハンノキと名づけておこう。西部のカリフォルニア州を中心に分布している。樹高は約二〇メートル、葉形やタネに羽のないことが、ニホンハンノキに似ている。私は、ニホンハンノキが北アメリカに逃げこんだ残党ではないか、と考えている。もしそうであれば、ニホンハンノキの一族、ということになる。

ニホンハンノキも、アメリカシロハンノキも、沼地に好んで生活している。沼地植物は、原則として、原始的な、よわい樹が多い。アメリカ東南海岸の湿地帯で生活している落羽松《らくうしょう》（タ

キソディウム、スギ科）は、その典型的な例といえる。私は、ニホンハンノキは、ハンノキ属のなかでは、もっとも原始的な種ではないか、と考えている。

ヤマハンノキ　Alnus sibirica

ハンノキ属の樹種のなかで、もっともふつうにみかけるのは、ヤマハンノキである。雄花の穂は、二〜三月になると、赤く色づいて長く垂れ下がる。開葉まえに花が咲くのは、ハンノキ亜属の特徴である。

葉は、まるく、大きな粗い欠刻状《けっこくじょう》の鋸歯《きょし》に、細かい鋸歯がつく。欠刻状重鋸歯葉である。葉裏に短毛が密生するものと無毛のものがある。日本の樹木図鑑類をしらべてみると、ヤマハンノキの和名はケヤマハンノキが、学名は A. hirsuta が使われており、葉に毛のないものは変種扱いにして、A. hirsuta. var. sibirica（和名ヤマハンノキ）と表示している図鑑が多い。

しかし、『中国高等植物図鑑』では、葉に毛があってもなくても、A. sibirica が使われている。植物の生態や進化を論じる場合、種を細分化せず、統一的に考えることが、ものごとの本質を正しく理解するうえできわめて大切なこと、と考える。そして、種名も属名も、和名はできるだけ単純なほうがよい。私は、ヤマハンノキの学名は、中国式に A. sibirica と表示し、和名は、単純にヤマハンノキとしたい。学名を A. sibirica と表示すれば、日本のヤマハンノキは、中国のものと同種であることがわかる。

ヤマハンノキは、北海道から九州までと、中国では東北部から乾燥地帯の内モンゴルにまで、そしてロシアのシベリアにまで、大陸の内陸深く分布している。山地帯に生息し、乾燥につよい樹と考えられる。進化論的には、湿地性のハンノキから抜け出して、山に登り、形態変化をおこしたもの、と考えている。

ハンノキより、進化したグループだと思う。ハンノキのタネには羽はほとんどないが、ヤマハンノキのタネには、狭いながらも羽がついている。風で遠くまで飛散しよう、という戦略が感じられる。

日本・中国のヤマハンノキは、ヨーロッパに分布するハイイロヤマハン（A. incana）や、北アメリカに分布するレゴスヤマハン（A. regosa）とも、類縁関係があるらしい。つまり、ヤマハンノキ一族は、ユーラシアから北アメリカにかけての、北半球北部一帯に広大な勢力を張っている、ひとつのグループと考えたい。

ヤハズハンノキ、ほか

日本列島では、ハンノキとヤマハンノキの二種が、まず、おおまかに勢力範囲を確定したと思われる。しかしまだ、両種とも存在しない隙間《すきま》が残っていた。そこで、その隙間をねらって、別のハンノキ類が出現してきた。

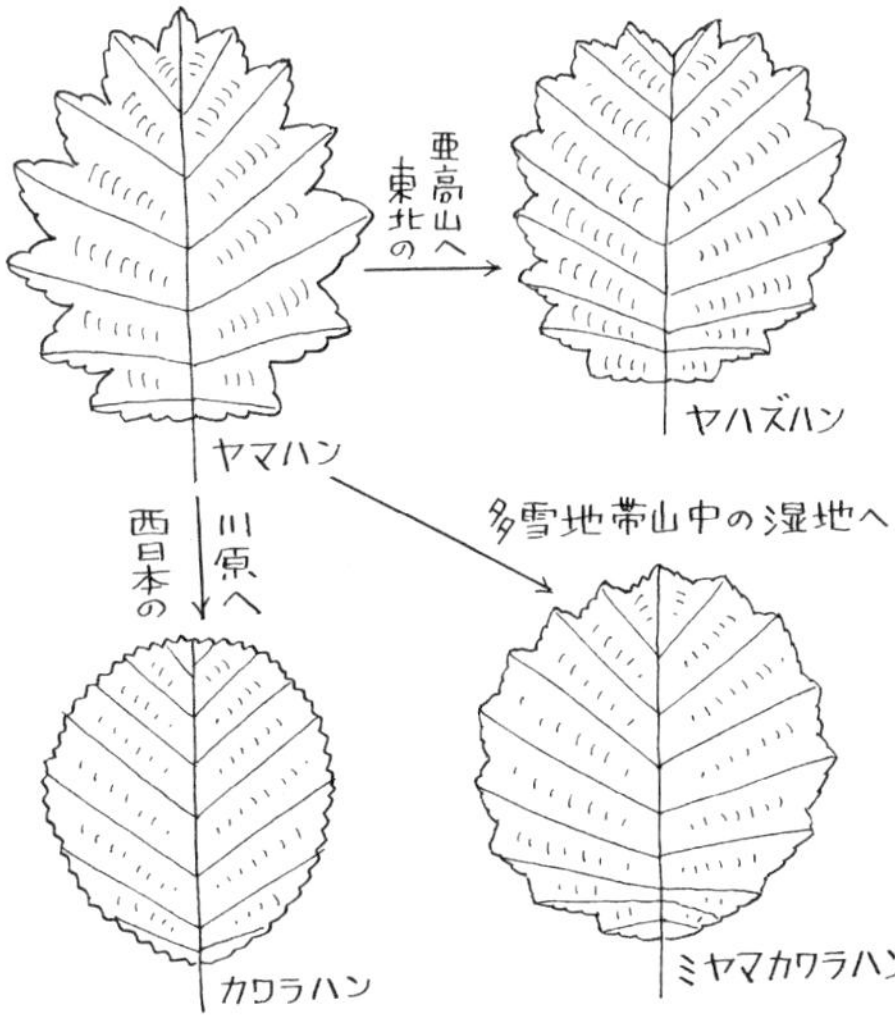

ヤマハンノキ一族の日本分家群

東海・近畿から西の暖地はヤマハンノキ（北方系）の勢力が比較的よわい。そこにつけこんで、川原の裸地を占めたのがカワラハンノキ（A. serrulatoides）である。さらにその勢いをかって、北陸から東北にかけての日本海側（雪国）の、川原や山の湿性斜面を占拠したのがミヤマカワラハンノキ（A. fauriei）というわけである。

さらに、東北地方日本海側の高山帯に登って一国一城の主になったのがヤハズハンノキ（A. matsumurae）である。高山の環境と雪国の湿性に適応した、おもしろい樹種である。私は、ヤハズハンノキの群落を月山《がっさん》の彌陀《みだ》ケ原でみたことがある。

前記三種は、いずれも日本特産種であるが、それらは、日本で誕生した、と私は考えている。では、これらの先祖は、なにものだろうか。そこで、吉川・石川『落葉図鑑』をたよりに、三種の葉をスケッチしながら、考えてみた。そして、それらがヤマハンノキの葉に似ていることに気づいた。つまり、これら三種は、ヤマハンノキがそれぞれの環境に適応し、分化し、別種に進化したものではないか、という考えに到達した。つまり、ヤマハンノキ一族の日本分家群と考えたい。

ヤシャブシ類の誕生

ヤシャブシ亜属は、冬芽《とうが》に柄がないこと、冬の雌花序が鱗片で包まれていること（ハンノキ亜属は裸）、花は葉の展開後に咲くこと、タネに広い羽のあること、などで、ハンノキ亜属から区別できる。日本にはヤシャブシ亜属に四種あり、そのうち、ミヤマハンノキを除くヤシャブシ類三種は日本特産になっている。

葉面は平滑で、側脈《そくみゃく》は数多く（一一～一五対）、きれいに平行して走る。こんな葉形のハンノキ属は、日本以外、世界のどこにもみあたらない。

ニホンハンノキのルーツを考えていて、ヤシャブシ類も、きわめて興味ある存在であることに気づいた。ヤシャブシ類はどこからやってきたのか、それとも日本で誕生したのか。それをさぐるには、ハンノキ類とヤシャブシ類は、どちらが古い生きものなのか、を知る必要がある。

そこで、ハンノキ類とヤシャブシ類の、化石の出現時代をしらべてみた。北隆館『日本古生物図鑑（学生版）』をひもといてみると、素性のはっきりしたハンノキ類で、もっとも古く記録されているのはシキシマハンノキである。北海道夕張の古第三紀始新世（約五〇〇〇万年まえ）に出土しており、それは現生のハンノキに類似していて、その先祖型と考えられている。ハルトリハンノキは、北海道の春採層の古第三紀漸新世（約三〇〇〇

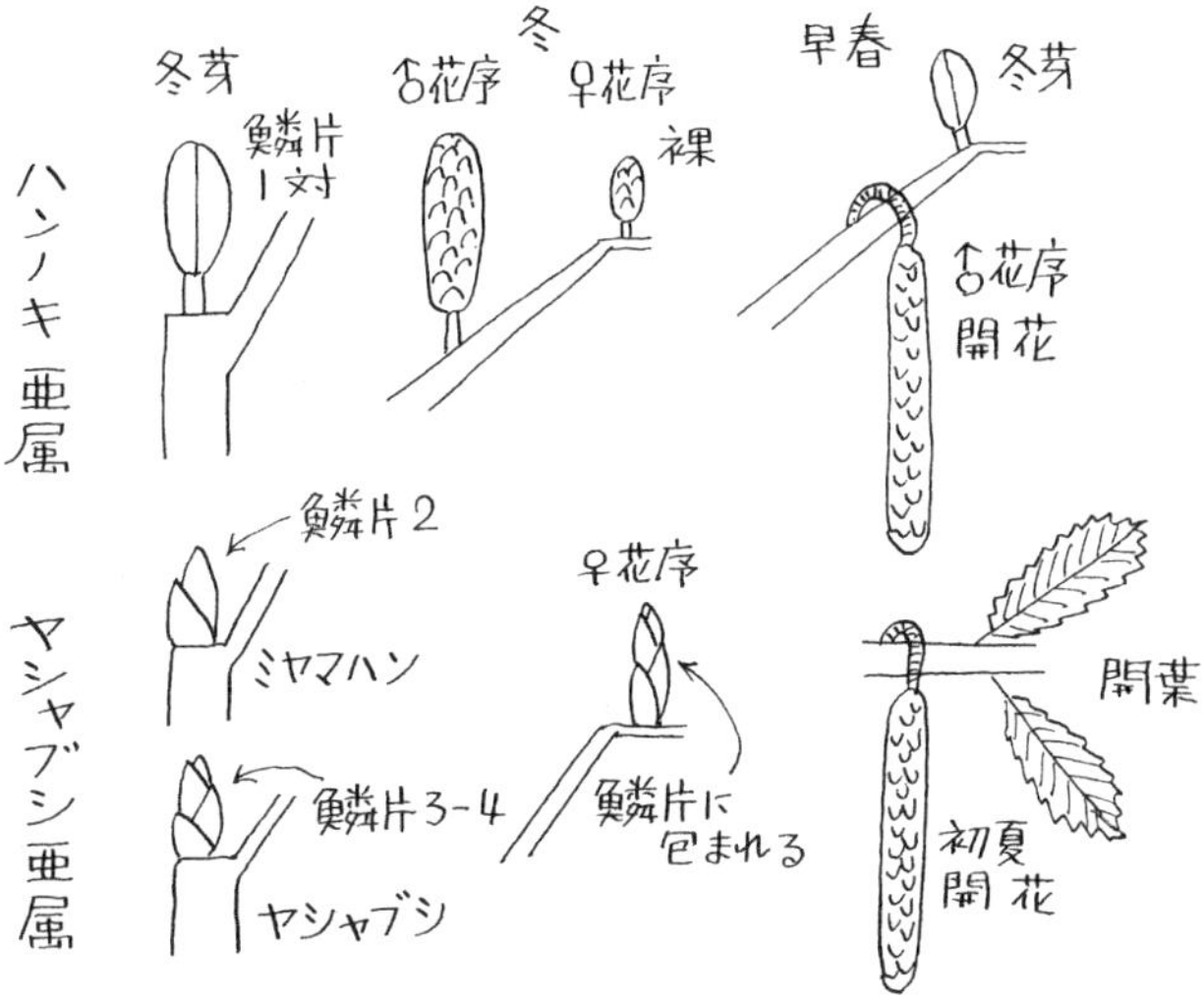

ヤシャブシ亜属の冬の♀花序は鱗片に包まれる

〇万年まえ）から出土しており、これは、現生の日本のヤマハンノキやヨーロッパのハイイロヤマハンあるいは北米のレゴスヤマハンにも似ているという。

一方、ヤシャブシ類は、ムカシヤシャブシが秋田の三途川層（新第三紀中新世後期、約一〇〇〇万年まえ）に出土しているが、これは、現生のヤシャブシやヒメヤシャブシに似ているという。また、おなじ層からムカシミヤマハンノキが出土しているが、これは現生のミヤマハンノキに類似するという。

このような記録をみると、ヤシャブシ亜属のほうが、ハンノキ亜属よりあとで誕生した、と考えてもよさそうである。

ミヤマハンノキ（A. maxiimowiczii、本州・北海道の高山帯に分布）は、ヤシャブシ亜属の一員だが、葉の形は、ほかのヤシャブシ類とは、少し異なる。日本以外では、サハリンやカムチャッカにも分布する。北方の海岸域に適応した種と思われる。

ミヤマハンノキは、ヤマハンノキ（ハンノキ亜属）が、山岳高山帯に登って、形態変化をおこし、ヤシャブシ亜属に変身したもの、ではないかと私は考えている。冬の雌花序が鱗片に包まれていることは、高山の寒風に対する防衛だと思う。また、花の咲く時期が葉の展開後であることも、寒風に対する警戒からであろう。ミヤマハンノキが、高山の環境に適応していったことがわかる。しかし、葉の表面に細かい、すじ状の皺《しわ》がみられることから、まだ、ヤマハンノキの性質が残っているようにみえる。

さきに、ミヤマハンノキは、高山に登ることによって、ヤシャブシ亜属に進化した、と書いたが、そのころ（おそらく一五〇〇万年ほどまえ）、地球の造山活動が活発になって、より高い山々が出現してきたこととも、関係があるだろう。

ミヤマハンノキは、ヤシャブシ亜属にもかかわらず、ハンノキという名がついている。私は最初、ミヤマハンノキの和名はミヤマヤシャブシとすべきではないか、と思っていたのだが、いま、ヤシャブシ類の進化過程を考えていて、ミヤマハンノキはまだ、ヤシャブシにはなり切っていないことがわかって、ミヤマハンノキにヤシャブシという名をつけるのは正しくない、と考えなおすようになった。やっぱり、ミヤマハンノキでもいいかな、といまは思っている。

日本特産のヤシャブシ類三種は、ミヤマハンノキから分化したのではないか、と思う。ミヤマハンノキの一部が、ふたたび山を降りたのである。山地帯に下りて、中部以北の日本海側（多雪地帯）でヒメヤシャブシ（A. pendula）となり、福島以西の太平洋側てヤシャブシ（A. firma）となる。さらに海岸に出て、伊豆・紀伊半島と伊豆諸島でオオバヤシャブシ（A. sieboldiana）となる。

ヒメヤシャブシは山の崩壊地に出現し、オオバヤシャブシは海岸に出現する。ヤシャブシ類とハンノキ類の葉を比較してみると、ハンノキ類は一般に葉面に細かいすじ状の皺がみられる。

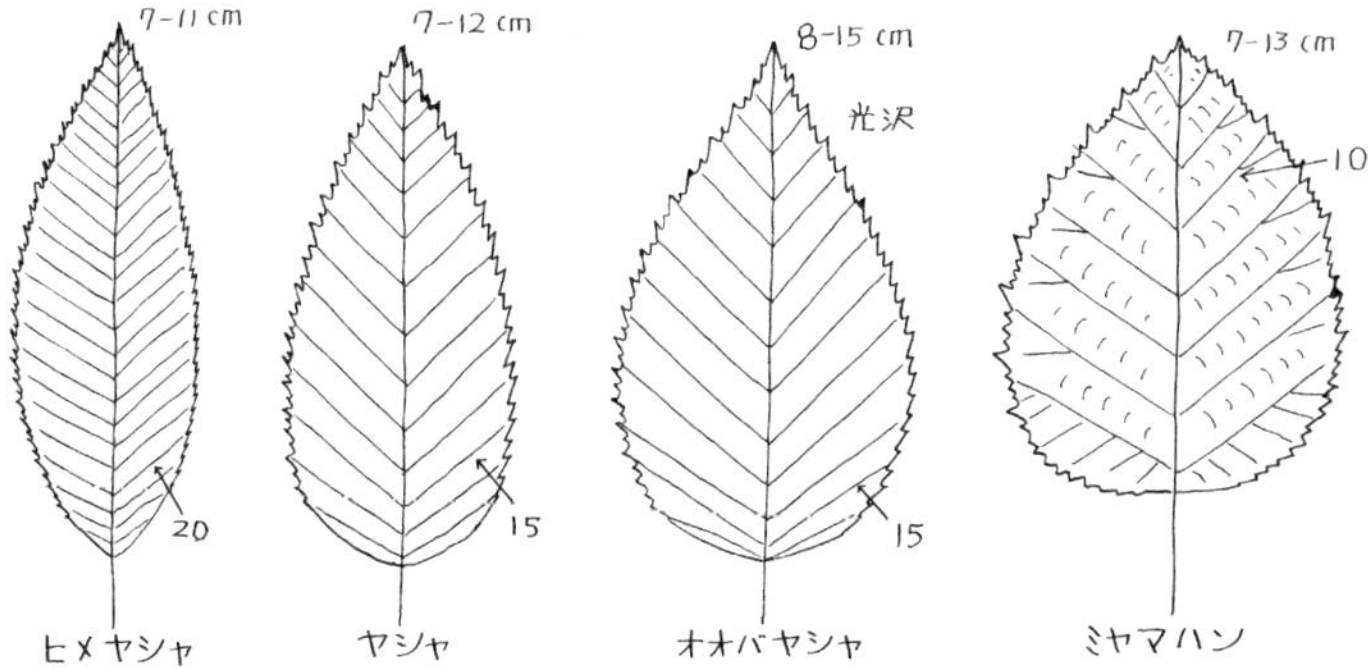

ヤシャブシ亜属の仲間

これにたいして、ヤシャブシの葉面は、滑らかで、すべすべしている。とくにオオバヤシャブシは、葉面に光沢がある。ヤシャブシ類は、光線を反射して、光熱を散らしているらしい。これは、ヤシャブシが、光のよくあたる環境に適応していったことを示している。

ヤシャブシ類は、高い山を降りても、ミヤマハンノキが獲得した、ヤシャブシ亜属としての形質は維持している。生物は、いったん獲得した形質は、特別な不都合でもないかぎり、簡単には捨てない。ヤシャブシ類をみていると、生物は、案外、保守的な性質をもっているものだ、思う。

日本で、カワラハンノキ類やヤハズハンノキが、そしてヤシャブシ類が誕生したのは、日本の風土が、性質の異なる、多彩な環境からできていること、つまり、地形が箱庭的で、多様な環境が存在すること、狭い国土ながら、さまざまな性格のハンノキ類の生活を支えていく力のあることがわかる。日本列島のおもしろさがみえてくる。

（注）南蔵王山麓で植林活動をしているNさんの私信によると、ヤマハンノキは裸地にはよわいが、オオバヤシャブシはたいへんつよく、逆にオオバヤシャブシは草地に植林すると、一〇〇パーセント枯れてしまう、という。おなじ先駆植物であっても、両者のあいだに、かなり性格のちがいのあることがわかる。

ミヤマハンノキ族からカンバ属誕生？

高い山で耐寒性を獲得したミヤマハンノキは、ユーラシア大陸北部を西に進んでマンシュウミヤマハンノキ（A. mandshurica）となり、ヨーロッパにはいってヨーロッパミヤマハンノキ（A. viridis）となる。A. viridis

は、アメリカミヤマハン（A. crispa）とも、ごく近い親戚関係にあるという。これら四種は、北半球北部の高山帯で勢力を拡大した、おなじ一族と考えてよい。この一族を、仮に「ミヤマハンノキ族」と表現しておく。

日本では、ミヤマハンノキからヤシャブシ一族が誕生してくるのだが、ヨーロッパでは、そんな動きはない。ヤシャブシ亜属は、ヨーロッパミヤマハンの一種しか存在しない。北アメリカでも、情況は似たようなものらしい。日本では、ヤシャブシ亜属が四種も存在する。まえに、日本は「ハンノキ天国」と書いたが、「ヤシャブシ天国」と書きなおしてもよいようだ。

ミヤマハンノキ族の元祖は、日本のミヤマハンノキではないか、と思う。ヤシャブシ亜属の冬芽は、三〜五枚の鱗片《りんぺん》で包まれているが、ミヤマハンノキの冬芽の鱗片は二枚しかない。これはハンノキ亜属の形に近い。だから、ハンノキ亜属から最初に生まれたのがミヤマハンノキで、それがのちに、マンシュウミヤマハンに進化し、そして、ヨーロッパミヤマハンとアメリカミヤマハンに分かれた、という筋道がなりたつ。

そして、その動きのさきに、カンバ属への道がある。ヨーロッパミヤマハンは、最初、カンバ属として記載された。ハンノキよりカンバに近い、と認識されたのである。このことは、ヨーロッパミヤマハンは、ハンノキ属とカンバ属の、両方の性質をもった存在、つまり、カンバ属の先祖、という考え方がなりたつ。私は、原始ミナミブナが北半球北部にきて、原始ハンノキと原始カンバに分かれていった、と考えている。そして、カンバ属のなかで、もっとも古いのはアズサではないか、とみている。ニュージーランドでみたミナミブナの幹肌がアズサに似ていたからである。

ある英語の本をしらべていて、つぎのような記述をみつけた。

「マンシュウミヤマハンは、ロシアのウスリー川流域のブナの森で、下層群落を構成している。」

ウスリー川流域にブナの森があるとは、すこし信じられない気持ちだが、もし、マンシュウミヤマハンがブナの森の一員なら、アズサとの結びつきが出てくる。なぜなら、アズサは、日本の東北のブナの森の重要な構成員なのだから。アズサのルーツが見えてきた。『ハンノキ物語』が終わったら、カンバ属のルーツを考えてみよう。

ニホンハンノキの来た道

すでに述べたように、化石データの古さと、その生息環境（低湿沼地）から、ニホンハンノキは、ハンノキ属のなかでは、もっとも原始的な種ではないか、と私は考えている。おそらく、おおむかしは、北半球に広く分布していたのだろうが、現在は、日本列島にだけ分布している。もしアメリカシロハンをニホンハンノキの一族と考えれば、その残党がアメリカにも生き残っていることになる。

では、ニホンハンノキは、どのようなコースをとおって、日本列島にやってきたのだろうか。

話は、中生代白亜紀にさかのぼる。いまから一億年もむかしのことである。熱帯アジアで、原始広葉樹のひとつが誕生する。ミナミブナ科（Nothofagaceae）である。ミナミブナの一部は、ゴンドワナ大陸に乗って南半球へ進出して、オーストラリア、ニュージーランド（NZ）、南米チリーなどで、多種に分化する。しかしミナミブナ類は、古い生物の島国に隔離されて、基本的には、古い形態を維持しているようだ

（「NZ森林紀行」参照）。

熱帯に誕生したミナミブナ科の一部は、北半球へ北上し、寒さに適応して落葉樹となり、多様な環境に適応して、多彩な科属に発展する。湿潤な山地に進んだグループはブナ科ブナ属となり、平地の湿地帯を占めたのがカバノキ科ハンノキ属になり、乾燥する山地に進んだのがカバノキ科カンバ属になった。

ニホンハンノキの起源はミナミブナ科にある、と私は考えている。ハンノキ属の動きをまとめると、下図のようになる。

ペルーハンノキ

南米ペルーのアンデス山中に、ハンノキ属が一種存在するという。仮

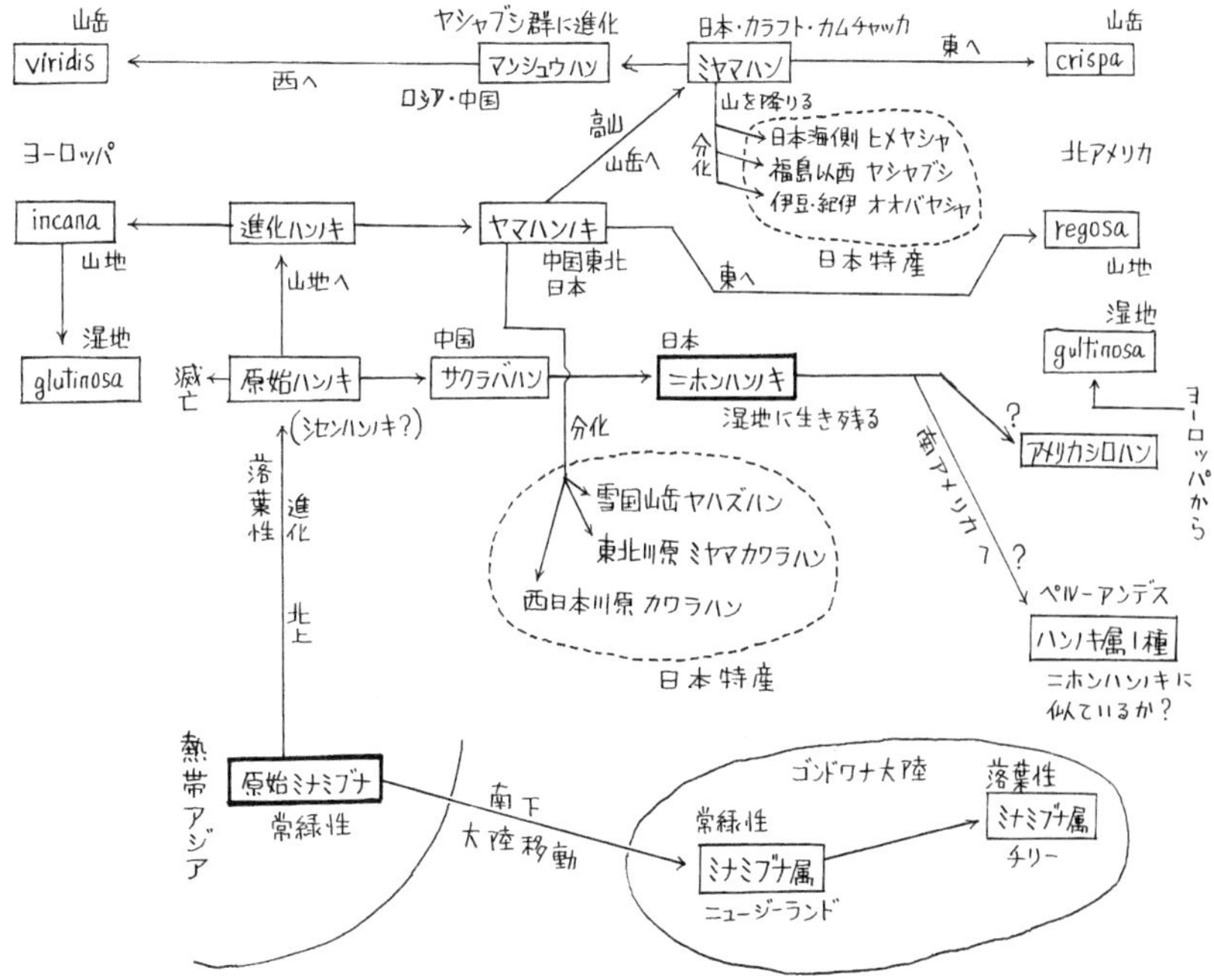

ニホンハンノキの来た道（西口原図）

に、ペルーハンノキと名づけておく。このハンノキは、おそらく、たいへん古い時代に南米に渡ってきたものだ、と思う。あとから追ってきたヤマハンノキは、もう、南米ペルーまで入ることはできなかった。植物の移動を拒否する地形の変化が、南米大陸におきたのだろう。おかげで、ペルーハンノキは生き残った。これは私の推理である。

もし、ペルーアンデスの山中に生息しているハンノキが、ニホンハンノキとおなじ顔をしておれば、私の推理は正しい、ということになる。もし、ペルーハンノキがヤマハンノキの顔をしておれば、ヤマハンノキ一族が、南米の山地帯にまで、勢力を拡大していることになる。ペルーアンデスのハンノキがどんな顔をしているのか、ぜひ、会いたいものである。

ナガエハンノキ（シセンハンノキ）

『中国高等植物図鑑』をたよりに、中国のハンノキ類の葉形をスケッチしていて、変なハンノキの存在を知った。学名を Alnus cremastogyne という。球果《きゅうか》の柄がいちじるしく長く、球果は垂れ下がっている。柄は、細く、軟らかく、長さは二〜八センチもあるという。仮に、このハンノキに、「ナガエハンノキ」という和名をあたえておく。

私は最初は、ナガエハンノキの存在に、それほど関心があったわけではない。ちょっと変わりもの、というていどの認識だった。しかし、ニホンハンノキのルーツを考えているうちに、ナガエハンノキの存在が気になってきた。

ハンノキ属の、ほかのすべての種は、球果の柄が短い。そんななかで、長い柄の球果をもつナガエハンノキは、きわめて異例な存在、変わりもの、といわざるをえない。これは、なにものなのか。ナガエハンノキのことを考えていたら、もしかしたら、これは、たいへん原始的な種かもしれない、と思うようになった。しかも、ナガエハンノキの分布する場所は四川・貴州・山陝とある。

「また四川か」と思った。なぜなら、四川は、古い植物のたまり場、隠れ場になっているからだ。生きた化石、メタセコイアが発見されたのも四川である。そこで、四川という地名を意識して、このハンノキに「シセンハンノキ」という名をつけてみたくなった。シセンハンノキは、どんな場所で、どんな姿で、生活しているのか、この目で確かめて、詳しくしらべてみたい、という気持ちになってきた。

根粒バクテリアは語る

ハンノキ属の特徴はふたつある。ひとつは、実《み》が針葉樹の松ぼっくりに似た、木質の球果であること、もうひとつは、根に根粒《こんりゅう》バクテリア（下図参照）をもっていること、である。

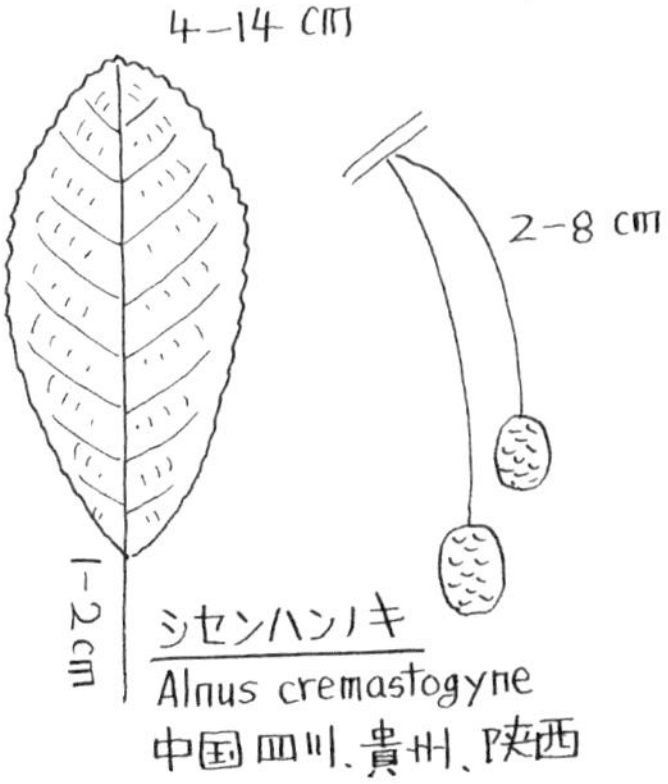

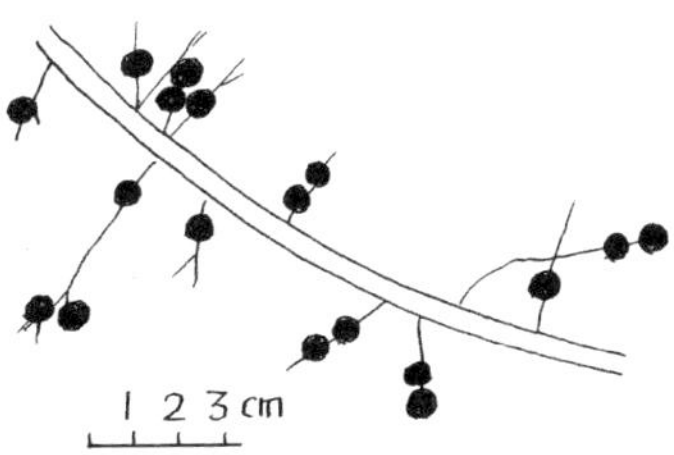

根粒バクテリア

木質の球果は、ハンノキ属が針葉樹に近い、原始的な広葉樹であることを暗示する。

では、根に根粒バクテリアをもっていることは、なにを意味するのだろうか。

ハンノキ類の根粒には、放線菌アクチノミセス（バクテリアの一種）が生息していて、空気中から窒素をとりこみ、それをハンノキの根に送りこむ働きをしている。ハンノキは、栄養のない、不毛の大地を、根粒バクテリアの助けを得て、開拓し、緑化していった。ほんとうのパイオニア植物といえる。

ハンノキ属が出現したころは、地球はまだ、コケとシダと針葉樹の時代であった。コケとシダは、暖地の、湿った谷間で生きていた。これらは、高い湿度がないと、生きていけない。針葉樹は、まだマツ科は勢力を張っておらず、スギ科、ヒノキ科、マキ科の時代である。これらの針葉樹も、どちらかといえば暖地の植物で、それに、水分を欲しがる生きものである。

北半球の北部の、寒くて、乾燥する山は、シダも、針葉樹も、まだ開拓する力がなかった。そんな場所に生きられるのは、せいぜい地衣《ちい》（藻とカビの共生体）だけではなかったか、と思う。そんな場所が、ハンノキ属の開拓すべきターゲットとなった。そこには、もともと大型の植物が存在しないから、土には、腐植《ふしょく》もなく、したがって、窒素や燐もない。植物にとって窒素や燐がなければ、生育は不可能である。

しかし、ともかく地衣がすんでいる。だから、カビやバクテリアは存在していた。そこでハンノキは、バクテリアの力を借りて、空気中から窒素をとりこむことを考えた。それが根粒バクテリアである。根粒バクテリアは、空気中の窒素をとりこんでアミノ酸を合成し、それをハンノキの根に送る。

バクテリアも、ハンノキという大型の植物と組んで、自分の生活圏を拡大することができた。根に根粒バクテリアがついている、ということは、ハンノキが、不毛の裸地にあらわれた最初の大型植物であることを示している。つまりそれは、ハンノキがもっとも原始的な広葉樹であることの、別の証明でもある。

中生代白亜紀の終わりごろから新生代のはじめにかけて、北半球の、寒冷・乾燥する不毛の大地は、ハンノキ属の活躍によって、少しずつ肥沃になっていった。そして、いったん、大型植物の腐植物ができて、窒素や燐を含んだ土壌が形成されれば、もう、根粒バクテリアをもたない植物でも、生きていける。

進化した樹木は、根粒バクテリアにかわって、土のなかから窒素や燐を吸収してくれる根菌《こんきん》（キノコカビ）と組むようになった。そして、ハンノキ属につづいて、進化したカンバ属（カバノキ科）やヤマナラシ属（ヤナギ科）などが、ぞくぞく誕生して、裸の野山を一気に緑化していく。

その後、地球は、寒冷化が進行し、造山運動が活発化して、高い山々が出現してくる。そして、高山の環境に適応したマツ科針葉樹（マツ、カラマツ、モミ、トウヒの各属）が誕生してくる。こうなると、もともと暖地系の植物であるハンノキ属は、第一線を、寒さにつよい、進化した樹木群にゆずり、後方に後退していく。

ハンノキ属が、いま、いちばん気にいっている場所は、暖かくて、湿度も適当に高い日本列島ではないか、と思う。ハンノキ属が日本列島にハンノキ王国をきずいたのは、その証拠だと思う。

ハンノキ属は、日本人とおなじように、日本列島が大好きなのだ。そして、日本人の私は、いっそう、ハンノキが好きになってきた。最後に、日本列島とハンノキと日本人に乾杯して、この『ハンノキ物語』をしめくくりたい、と思う。

2部　NZ森林紀行

―古い島国の生きものを考える―

恐竜の森

到着

NZ（ニュージーランド）の森林トレッキングは、NHK文化センター仙台支所のK次長の企画だった。私は、それほどの予備知識もなく、半分は物見遊山の気分だった。しかし、現地で見聞したことは、刺激に満ちたものだった。なかでも、ミナミブナとの対面は、私の発想に、新しい道を伐り開くきっかけをあたえてくれた。それはニホンハンノキのルーツにもかかわるものだった（「ハンノキのルーツを考える」参照）。

成田からNZまでは、一一時間の長旅であった。私は、途中で貧血をおこしてしまった。窓ぎわの席をあけてもらい、横になって、気分は落ちついてきた。しばらく眠って、目を覚ますと、飛行機はニューカレドニアの上空、というアナウンスがあった。

それから三時間、飛行機はNZ・クライストチャーチ空港への着陸態勢にはいっていた。窓から外を眺めると、南島の山なみがみえてきた。高い山は白い雪でおおわれている。サザンアルプスらしい。雪のない山頂部は、どこもかしこも、茶色くはげていた。「なんだ、これは？」あとでわかったのだが、これは氷河の削り跡だった。ＮＺの最初の印象は氷河で削られた山肌の茶色だった。ＮＺは氷河の国だった。

そして、その島に生きているのは、古い、古い、中生代の生きものたちであった。

巨樹の森・ナンヨウナギ

われわれは、南島から、さらに北島のオークランドへ飛んだ。オークランドにつくと、すぐバスでコロマンデル半島にむかった。カウリ（ナンヨウナギの一種）の森が、今回の旅の最大の目玉商品だった。ＮＺの山旅といえば、ほとんどのツアーコースは、南島のサザンアルプスのトレッキングとなる。北島のコロマンデル半島に行くツアーは、皆無だ。

コロマンデル半島は、自然派のリゾート地らしい。ビーチは、オートキャンプでにぎわっていた。翌日、ガイドさんの案内で、海岸近くの森のなかを歩いた。コロマンデルの気候は亜熱帯だった。森のなかは湿っていて、地表面は背の低い草本性のシダが、そして、低木層には木本性のシダが繁茂していた。木性シダの幹で、小さなセミがしきりに鳴いていた。

やがて、あたりは樹齢二〇〇年くらいの、針葉樹の森となった。幹は通直に伸びている。肌はやや赤っぽい。それがカウリだった。この木には、樹皮片がポロポロ剥げ落ちる習性がある。だから植物が着生しても、樹皮片とともに、すぐ落とされてしまう。カウリの幹に着生植物がみられないのは、剥皮作用による、とガイドさんが説明した。

しばらくいくと、一本のでっかい木があらわれた。胸高直径は約二メートル。これもカウリだった。私ははじめて、カウリという樹は屋久杉に匹敵する樹であることを知った。ガイドさんは、樹齢五〇〇年といっていたが、私は一〇〇〇年を超えるとみた。

カウリはナンヨウスギ科ナンヨウナギ属（Agathis）に属する。ナギという名がついているのは、葉がやや広いからである。カウリ（A. australis）はNZ特産の種であるが、ナンヨウナギの仲間は、ほかに、フィジー、ニューカレドニア、オーストラリア北東部、そして、ニューギニアからフィリッピンまでみられるという。

カウリは、中生代白亜紀に栄えた、原始的な針葉樹である。カウリの森は、北島コロマンデル半島の奥地に多く残っている。ガイドブックをしらべてみると、大きさナンバー・ワンのカウリの木は、樹高五一メール、幹の太さ（直径）は、四・四メートル、樹齢は二〇〇〇年を超えるとあった。この大きさは、まさに、屋久島の縄文杉に匹敵する。

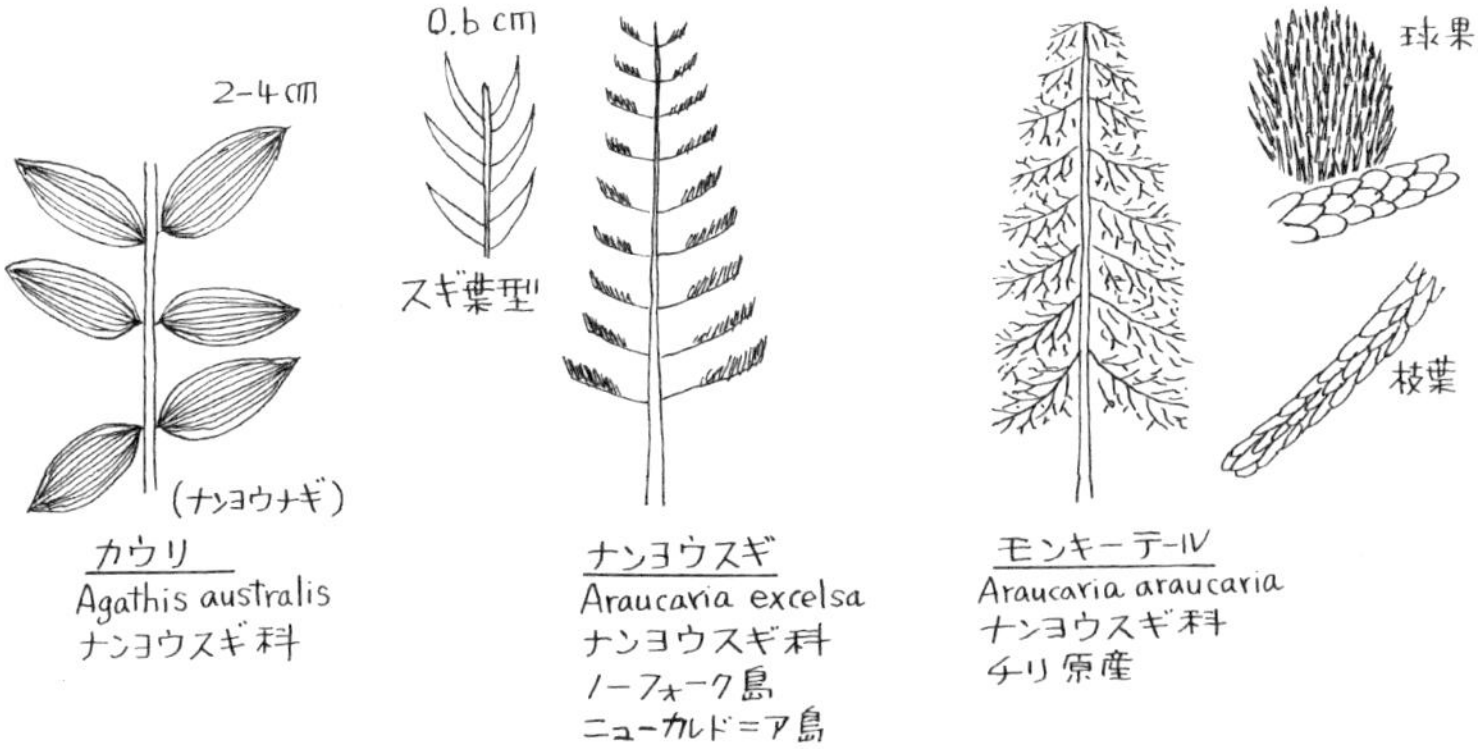

ナンヨウスギ科の樹木たち

私は旅に出るまえ、その準備として、ＮＺに自生する樹木の資料を作成していた。そのときは、カウリの木は、ナンヨウスギ科のひとつ、というていどの認識しかなかった。いま、現地にきて、カウリの巨木をみて、カウリは、屋久杉と肩をならべる存在であることを知った。

カウリの森には、また、マキ科の高木が何種類かあった。マキ科のなかで、ＮＺでもっとも広く勢力を広げているのは、リムと呼ばれている樹である。樹高は、ときに六〇メートル、胸高直径は一・五メートルにも達するという。そのほか、トタラ、ミロと呼ばれているマキ科の高木もある。いずれも、木材生産木として価値の高い樹である。

マキ科も、白亜紀に栄えた原始的な針葉樹である。カウリの森を一周して、わかった。カウリの森は、原始的な針葉樹と木性シダと草本シダから構成されており、これは恐竜が闊歩《かっぽ》していた中生代白亜紀の森の姿だと。

私はこの森をＴシャツ一枚で歩いた。ＮＺの森には、毒蛇も毒虫もいない。裸で森のなかに寝そべっても、危険はないという。毒蛇・毒虫が出現するのは、新生代になってからだろうか。中生代の森は、どうやら、温和で、平和な森だったらしい。ＮＺの森が、そう語っている。

別の山で、「双子のカウリ」をみた。それは、屋久島の母子杉を想い出させた。

最後に、「四角のカウリ」をみた。林道わきから、細い山道を一〇分ほど登る。でっかい木だった。樹齢は一二〇〇年という。幹は白っぽく、四角に角ばっていた。幹には下枝がなく、すっきりと立ちあがっていた。幹には、やはり着生植物はみられなかった。下の林道からみあげると、このあたりのカウリの森は、尾根すじの、台状地の上に生えているようにみえた。この森でも、カウリの下には、木性シダの大きな葉

木本シダの群落

四角のカウリ
（撮影：髙橋眞）

が、いたるところで傘を広げていた。

大発展するマキ科

北半球の北部では、針葉樹は多彩な発展をとげている。とくに新生代にはいって、マツ科（マツ、モミ、トウヒ、カラマツ、ツガ、トガサワラの各属）の発展がいちじるしい。そのうち、モミ、トウヒ、カラマツ属は、地球がいちじるしく寒冷化してきた新第三紀に、寒さに適応する形で誕生してきたのではないか、と思う。

一方、南半球のニュージーランドには、針葉樹は、暖地性のマキ科とナンヨウスギ科と、一部のヒノキ科しか存在しない。

マキ科は、かつて地球が温暖であったころ、北半球でもかなり勢力を張っていたらしい。日本の南部域に自生するイヌマキやナギは、その名残りである。マキ科は、実《み》の形がほかの針葉樹と異なっている。木質の松ぼっくり形ではなく、タネは軟らかい果肉に付着している。そこでこれを、仮に肉果と呼ぶことにする。果肉は、熟すと赤く色づき、甘くておいしい。果肉は食べられるが、タネは毒があって食べられない。

イチイ科のタネは、マキ科とちがって、果肉に包まれている（完全には包まれておらず、一部は露出しているが）。それは、イチイ科のほうがマキ科より進化していることを示している。南半球には、イチイ科は存在しない。イチイ科はおそらく、暖地のマキ科の一部が、北半球の寒冷地域に進出・進化して誕生したもの、ではないかと思う。タネが果肉に包まれているのは、寒さにたいする保護策だろう。

われわれは、NZの旅の四日目に、南島のサザンアルプスのふもと、フッカー谷をトレッキングしたが、山道ぞいのいたるところに、イチイの葉形をしたマキをみた。このマキは、イチイそっくりの赤実を着けていた。一粒食べてみたが、おどろくほど、甘くて、おいしかった。マキでも、寒冷な高山へ登ると、寒さからタネを保護するようになることがわかる。

イチイは、イチイ科イチイ属に属する。日本では、本州のブナ帯や北海道の低山帯で、けっこう高木（約一〇メートル）に育っている。岐阜県高山あたりの森では、イチイの原生林があるという。一方、高山帯にも出現する。高山帯のイチイ群落は矮性《わいせい》化しており、キャラボクの名で呼ばれることもある。

日本ではイチイが占めるニッチ（生息場所）を、NZではマキが占めている。そして、おもしろいことに、そのマキは、葉形も実形も、イチイそっくりの形をしているのである。

イチイもマキも、タネの散布を小鳥にしてもらうべく、果肉を赤く、甘くする作戦をとっているのだろう。しかし、考えてみると、マキ科の樹木が繁栄したのは中生代で、森は恐竜と歩行性の鳥の世界だったはずだ。現在みられるような、華麗な姿の、飛翔性の小鳥は存在しなかったはずだ。とすれば、最初、マキの甘い実を食べていたのは、小型恐竜か、モアのような歩行性の鳥だったのかもしれない。

ギンブナの森では、マキは低木であった。さまざまな葉形のマキをみた。葉がセロリーのような形の、広葉のマキもあった。セロリーパインと呼ばれていた。

マキ科は、NZでは八属一五種も存在する。そして、多様な種に分化して、南北両島の、あらゆるニッチを占めている。亜熱帯のカウリの森のみならず、サザンアルプスの高い山にも生きている。マキ科がこんなに繁栄しているのは、進化したマツ科がいないからであろう。こんなところにも、ニュージーランドという国の古さを知ることができる。

ヒノキ科の生き残り

針葉樹は、木質の松ぼっくりをつけるグループ（スギ、マツ、ヒノキなど）と、肉果をつけるグループ（マキ、イチイ、ビャクシンなど）に分けられる。じつは、ヒノキ科には、両方のグループが含まれている。肉果をつけるグループはビャクシン属であり、木質の球果《きゅうか》をつけるグループはヒノキ属やアスナロ属やイトスギ属などである。いままで、なんとなく見すごしていたのだが、考えてみれば、ヒノキ科は、木質球果群と肉果群の共通の先祖ではないか、という推測がなりたつ。

北隆館『日本古生物図鑑（学生版）』をしらべてみると、マキ科は中生代白亜紀に栄えている様子がわかるが、ヒノキ科の葉体をもった針葉樹が白亜紀前期にすでに出現しており、ヒノキ科も、そうとう古い植物群であることがわかる。

Ｊ・Ｔ・サーモン（J. T. Salmon）『ニュージーランドの樹木』によると、ＮＺには、ヒノキ科樹木（Libocedrus 属）が二種存在する。そのうちの一種、カワカと呼ばれる樹は、樹皮が長くリボン状に剥がれ、葉は鱗片状で、その配列は偏平二列とある。葉の写真をみると、鱗片葉の裏は白く、日本のアスナロとよく似ている。

アスナロ（Thujopsis dolabrata）は一属一種、日本以外にはどこにも存在しない。アスナロは、いったい、なにものなのか。どこから日本にやってきたのか。それとも、日本で誕生したのか。まえまえから、こんなことが気になっていたのだが、私はいま、ＮＺの針葉樹をしらべていて、日本のアスナロとＮＺのカワカは、近い親戚ではないか、と考えるようになった。もしそうなら、近い親戚の遠い隔離分布で、かたや日本に、かたやＮＺに生き残った、ということになる。

コロマンデル半島を歩いていたときは、私はまだ、カワカのおもしろさに、気づいていなかった。カワカは、北島と南島北端の、標高〇～六〇〇メートルの山中にみられるという。今度行くときは、アスナロに似ているのかどうか、その葉形を確認してみたい。

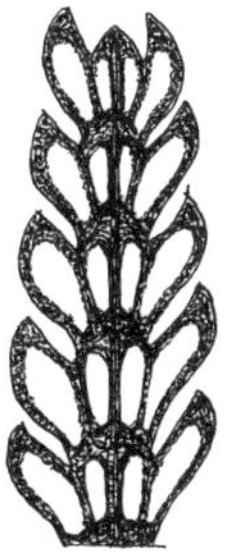

アスナロ、ヒノキ科
Thujopsis dolabrata
日本特産

カワカ、ヒノキ科
Libocedrus plumosa
ニュージランド特産

ミナミブナにアズサをみた

ギンブナの肌はアズサに似ていた

ＮＺ（ニュージーランド）の森を探訪する計画を聞いたとき、私の最大の興味は、南半球で栄えているミナミブナ属（Nothofagus）が、北半球にあるブナ属（Fagus）と、どんな関係があるのか、という点にあった。どちらも、ブナ科に属する。だから、無関係ではない。しかし、なんらかの関係のある樹が、どうして、かたや北半球の北部に、かたや南半球の南部に、遠く離れて存在するのだろうか。

いまから七年ほどまえ、『ブナの森を楽しむ』という本の原稿書きに没頭していたとき、頭のなかに、こんな疑問が巣くうようになっていた。だから今回の旅は、それを解くキーをあたえてくれるかもしれないという、なぞ解きの楽しさもあった。

ＮＺに上陸して四日目、われわれは、サザンアルプスの最高峰・マウントクックの登山口のひとつ、マウントクック村（海抜約一〇〇〇メートル）にはいった。この村には、ギンブナ（Nothofagus menziesii）

の森があった。このあたり、年間雨量は四〇〇〇ミリを超えるという。だから、このギンブナの森は、温帯多雨林と考えてよい。

この森の優占種はギンブナだった。しかし、土地がやせているためか、それほど太い木はなかった。幹も、それほど通直ではなく、われわれが感じる「ブナの森」という印象からは、ややはずれていた。葉は、常緑で、大きさが一センチという、小さいものだった。この葉形もブナという印象からはずれていた。

そして、私をおどろかせたのは、ギンブナの幹肌だった。それは、滑らかなブナ肌ではなく、少しガサガサしたアズサ肌であった。なかでも、若い木の肌は、われわれがいう「サクラ肌」（細い皮目帯が横長に走る）であった。これはまさしくカンバ属のアズサとおなじではないか。ギンブナは、ブナというより、カンバという印象をうけた。この森を流れる川はバーチ川と呼ばれている。土地の人も、この樹をバーチ、つまりカンバとして認識しているのである。

では、植物学者は、なぜ、この樹に Nothofagus（南のブナ属）という属名をあたえたのだろうか。おそらく、花の形態がブナ属（Fagus）に似ているからであろう。ブナ属の花

ギンブナの樹形

は、カバノキ科や、ブナ科のナラ属、シイ属、クリ属（雄花序は穂状で、下垂または直立）とは異なって、半球状に集合している。ミナミブナ属の雄花序も、半球形の集合花で、穂状にはならない。ブナ属に似ているのである。だからサーモンの『ニュージーランドの樹木』にも、Nothofagus は Fagaceae（ブナ科）に入れてある。

しかし私は、マウントクック村のギンブナの幹をみて、ミナミブナ属は、カバノキ科とブナ科の両方の性質をもっていることを知った。そのことから、ミナミブナ属は、カバノキ科とブナ科の共通の先祖ではないか、と考えるにいたった。つまり、ミナミブナは、たいへん原始的な広葉樹にちがいない、ということを意味する。ギンブナという樹に対面して、ミナミブナ属という樹の性格が、なんとなく読めてきた、という感触を得た。

ミナミブナ科の設定

ギンブナの森を出て、ビジターセンターに寄る。そこでドーソンとルーカス（J.Dawson & R.Lucas）『ニュージーランドの

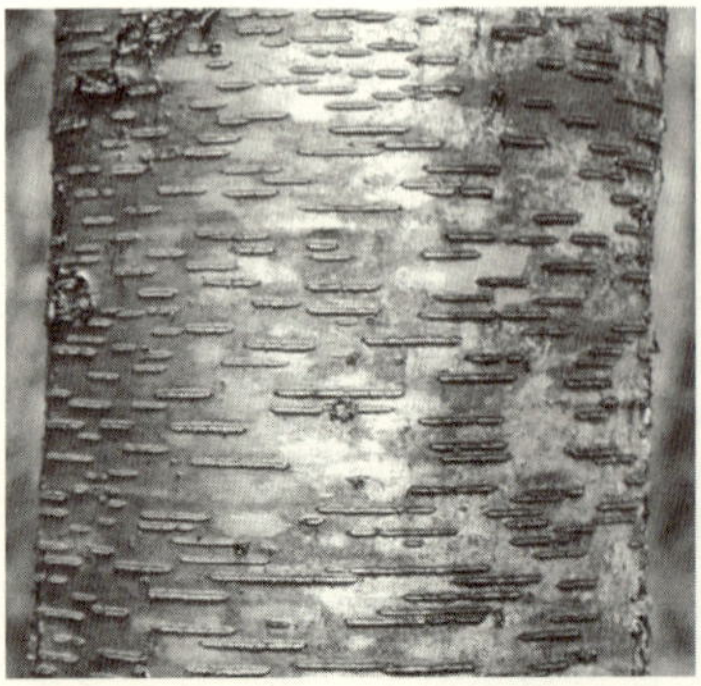

若いギンブナの幹肌（右）は「サクラ肌」
日本のアズサの若木の幹肌（左）

森林』という本をみつけた。すぐ買って読んでみた。これは、最近出たばかりの本だった。その本には、つぎのようなことが書いてあった。

「ミナミブナの花は、数年間隔で、全国（NZ）一斉・同時に咲く」と。これは、日本のブナやイヌブナの花の咲き方とおなじではないか。また、「ブナの枝には、よくヤドリギが寄生する」とあるが、これも、日本の場合とよく似ている。また、「ミナミブナ類（NZには四種ある）は、比較的寒冷な地域、あるいは高標高域で、純林を形成する」とあるが、これも日本の場合とよく似ている。

その一方で、「タネには狭い羽があり、風でよく飛散する」とある。これは、カバノキ科に近い。さらに、幹肌がカンバに似ていることは、前述したとおりである。

そして、この本の著者はつぎのように述べている。「ミナミブナ属は、従来ブナ科に置かれてきたが、カバノキ科に近い性質もある。したがってミナミブナ科（Nothofagaceae）という、新しい科を設定するのが妥当である。」

私が、ギンブナの森で感じたことが、すでにこの本に書かれ

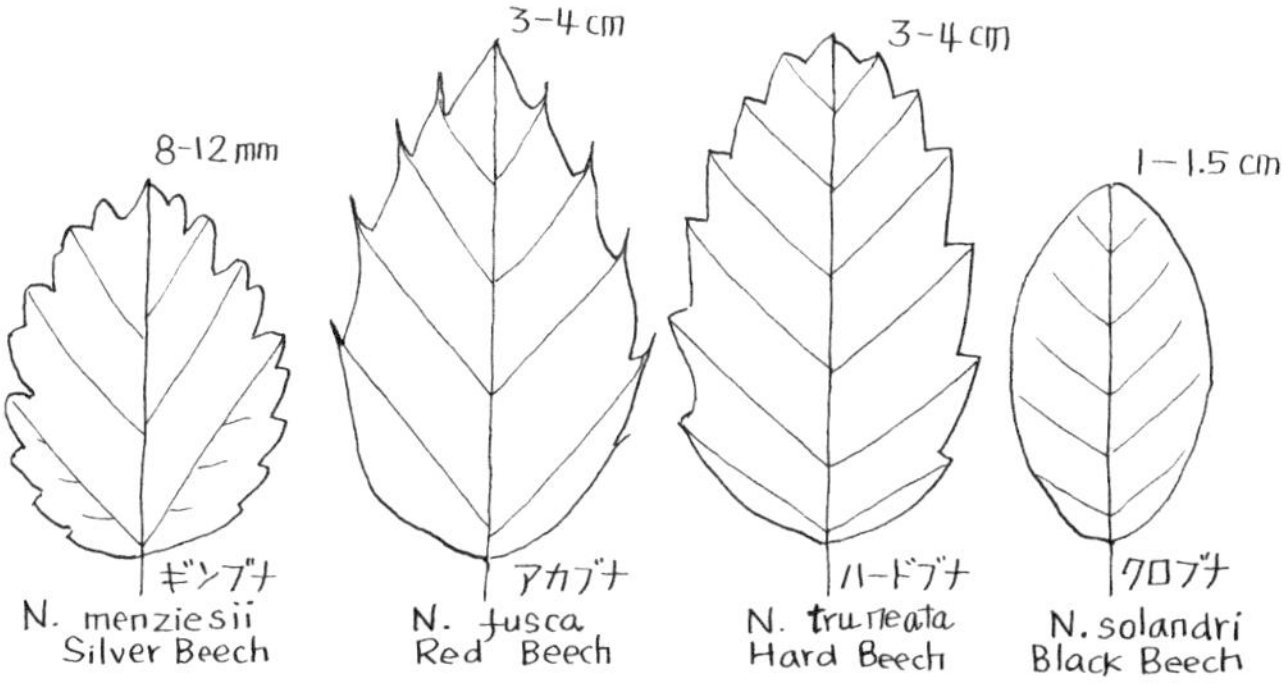

ニュージーランドのミナミブナ（Nothofagus）４種

ていた。私は、自分の考え方が承認されたようで、すこし自信を得た。

ミナミブナ属とブナ属の関係

さて、最初の疑問にもどろう。ＮＺで栄えているミナミブナ属と、遠く北半球に離れて分布するブナ属とのあいだには、どんな関係があるのだろうか。これは、近い親戚の、遠い隔離分布といえる。こんな現象は、蝶でもみられる。たとえば、日本の里山にごくふつうに生息しているサトキマダラヒカゲと、中国チベット東部の山岳地帯に生息するチベットキマダラヒカゲの関係もそうである（西口『森と樹と蝶と』）。こんな場合、ひとつの、共通の先祖から出発した二つの種が、なんらかの原因によって、遠く隔離されてしまった、と考えるのが妥当だろう。この現象は、比較的、原始的な生物によくみられる。

では、ミナミブナ属とブナ属の場合は、どのように考えられるだろうか。私は、両者の共通の先祖は、まだ恐竜と針葉樹が繁栄していた中生代白亜紀に、熱帯アジアで誕生したのではないか、と考えている。それを、かりに「原始ミナミブナ」としておこう。そのころは、大陸はひとつ（パンゲア大陸）で、また、南北はつながっていた。

原始ミナミブナは、やがて、南北へと分布を拡大していく。そして、北半球の北部にはいって、落葉性となり、原始カバノキ科と原始ブナ科ブナ属に分かれていく。おそらく、乾燥する地域はカバノキ科、湿潤な地域はブナ科ブナ属という、すみわけができたのだろう。

現生するハンノキ属（カバノキ科）は、八〇〇〇万年まえに、日本（そのころは大陸の一部）にすでに出現している（化石が出ている）。原始ブナ科ブナ属の出現はいつごろだったか、推定はできないが、形態はおそらく、イヌブナのようなものだったと思う。それがまた、長い年月をけて、現生のブナに進化していく。

一方、原始ミナミブナは、南方へも勢力を拡大していく。ところがしばらくして、南の地域は、パンゲア大陸から分離（大陸移動）して、ゴンドワナ大陸が形成される。すでにゴンドワナ大陸に移住していた原始ミナミブナは、そのとき、熱帯アジアから隔離されることになる。そして、ゴンドワナ大陸（のちに分裂する）は、以後、現在にいたるまで、進化のとまった、古い生きものの大陸となるのである。

ゴンドワナ大陸は、中生代の終わりごろから新生代のはじめごろ、分裂して、南米南部、ニュージーランド、ニューカレドニア、オーストラリア、ニューギニアに分かれる。この大陸分裂が、原始ミナミブナの種の分化をひきおこす。各島に隔離されたミナミブナは、それぞれの島の環境に適応して、それぞれ独自の種に分化していくのである。現在、ミナミブナ属は六〇の種を含むという。

しかし、前述のように、ミナミブナが乗っかった大陸は、もともと、古い生きものの国で、大陸が分裂して島になっても、古い生きものの国であることにはかわりない。ミナミブナは、島ごとに種の分化はおこったが、樹木の基本的な構造は、古い性質を維持したまま、現在にいたっていると思われる。

南半球のミナミブナ属も、北半球のブナ属も、おなじ先祖から分かれ、南北遠くはなれて生き残った。こう考えると、ブナとミナミブナが似たような顔をしていることも、納得できる。

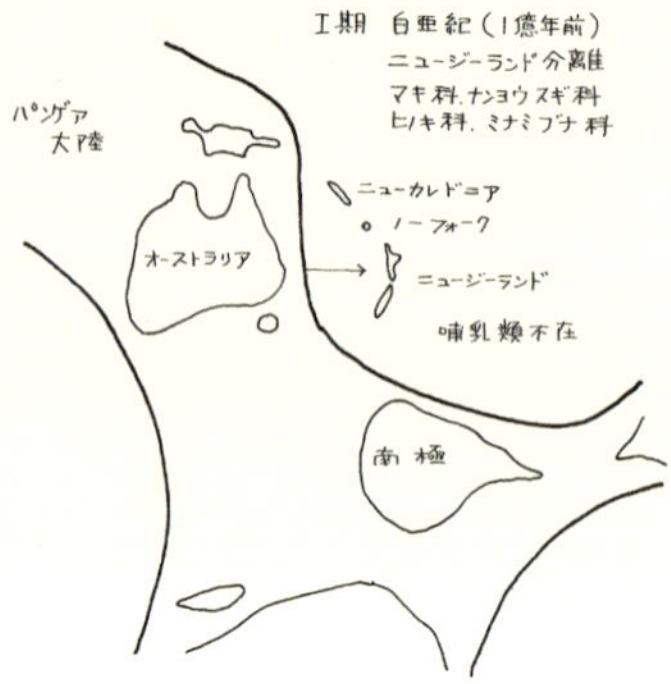

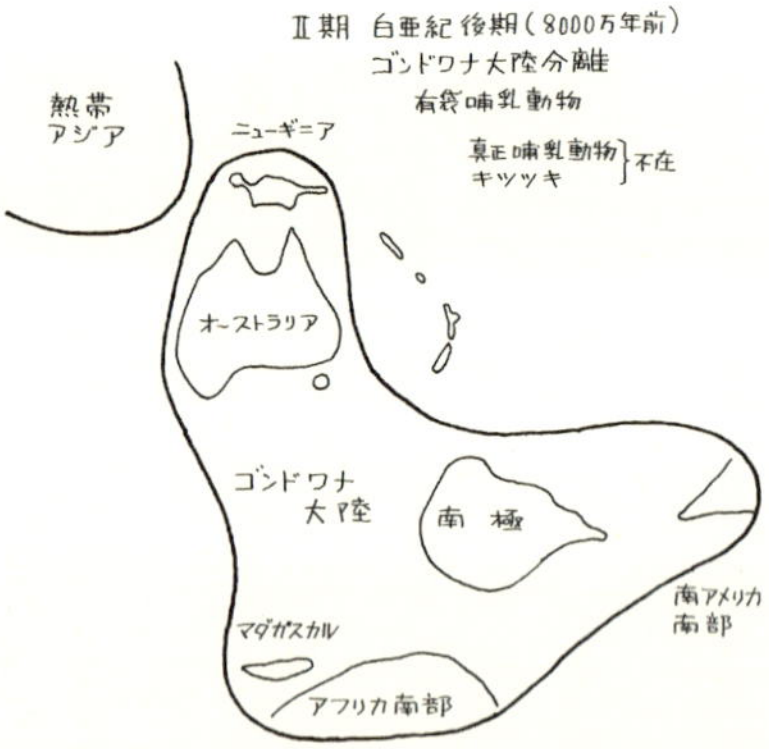

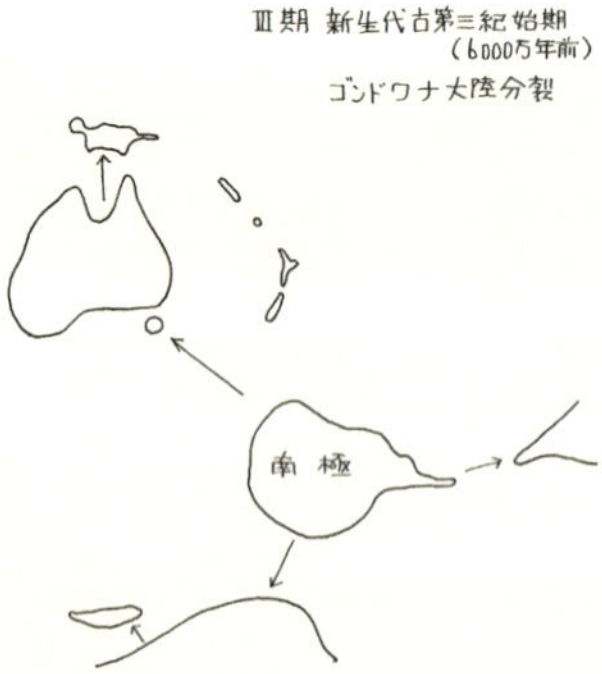

パンゲア大陸からゴンドワナ大陸を経てニュージーランド島へ
資料と推測をまじえて描く（西口原図）

カシ、マテバシイの出現

では、ブナ科のカシ・ナラ、シイ、クリ、マテバシイなどの起源は、どのように考えたらよいのだろうか。私は、まず最初に、カシとマテバシイが原始ミナミブナから分かれた、と思う。場所は、熱帯アジアである。

熱帯アジアでは、新生代にはいって、進化した植物群（広葉樹）がどんどん誕生してくる。カシ、マテバシイの誕生も、そのひとつだ。そしてカシ、マテバシイは、自分の先祖になる原始ミナミブナを攻撃し、生育地を奪ってしまう。現在、熱帯アジアの島々でミナミブナがみられないのは、カシやマテバシイに駆逐されてしまったからだ、と私は考えている。

進化したカシ、マテバシイは、勢力を北へ拡大し、北半球にはいって、ナラ属（カシ・ナラ類）、マテバシイ属、シイ属、クリ属のブナ科天国をきずく。これらの属は、ブナ属がすでに占めていた湿潤・寒冷な山岳地域にまでは、勢力をのばしていない。ここでは、ブナ属に反撃されて、はいっていけないのだ、と思う。

現在の植物学では、ブナ属は、ナラ属、シイ属、クリ属、マテバシイ属とともに、ブナ科を構成する一属にされている。しかし、ブナ属は、ブナ科のほかの属とはかなり異質なものを感じる。歴史的な進化コースをみても、別のコースをとっているように思う。そこで私は、NZのミナミブナ属がミナミブナ科として独立したように、北半球のブナ属も、ブナ科として独立し、ナラ属やシイ属などは、別にナラ科（Quercuceae）を立てるべきではないか、と考えている。

ところで、カシやマテバシイは、オーストラリアやNZへは侵入していない。これらが熱帯アジアで誕生したとき、すでにゴンドワナ大陸が分離していて、南の大陸へは侵入できなかったからだと思う。

フタバガキの登場

熱帯アジアのカシ、マテバシイは、その後、しだいに衰退していく。いまから四〇〇〇万年まえ、アフリカ大陸の一部が大陸移動してインドと合体する。そのとき、ある一種の樹木がアジアに上陸する。フタバガキである。その樹木が、その後、東進し、熱帯東南アジアの島々に侵入し、そこで大発展し、平地帯を支配するようになる。フタバガキは、現在では、ボルネオ島を中心にして、東南アジアの島々の環境に適応・分化し、数百種におよぶ種に進化・発展している（西口『森と樹と蝶と』参照）。

そしてそれまで、熱帯の平地で勢力を張っていたカシ、マテバシイは、フタバガキに追われ、現在は、高地山岳地帯に逃げ込んで、やっと生き残っている。カシやマテバシイが熱帯アジアの島々でも生き残れたのは、フタバガキがやってきた時代は、地球の造山活動が活発になってきて、熱帯の島々にも高い山々ができ上がってきたからである。フタバガキは、高い山には登ってこなかったのである。

また、フタバガキ類は、東南アジアの大陸側では発展しなかった。海に囲まれた島々とちがって、大陸側は、季節によってはいちじるしく乾燥する。フタバガキは、湿気が好きで、乾燥は苦手なのではないか、と思う。おかげで、カシやマテバシイは、大陸側で好適なすみかをみつけることができた。いま、繁栄の中心地域は、中国南部からインドシナ半島北部の、大陸側に移行している。

以上、私の推理小説を図にまとめると、左ページの図のようになる。

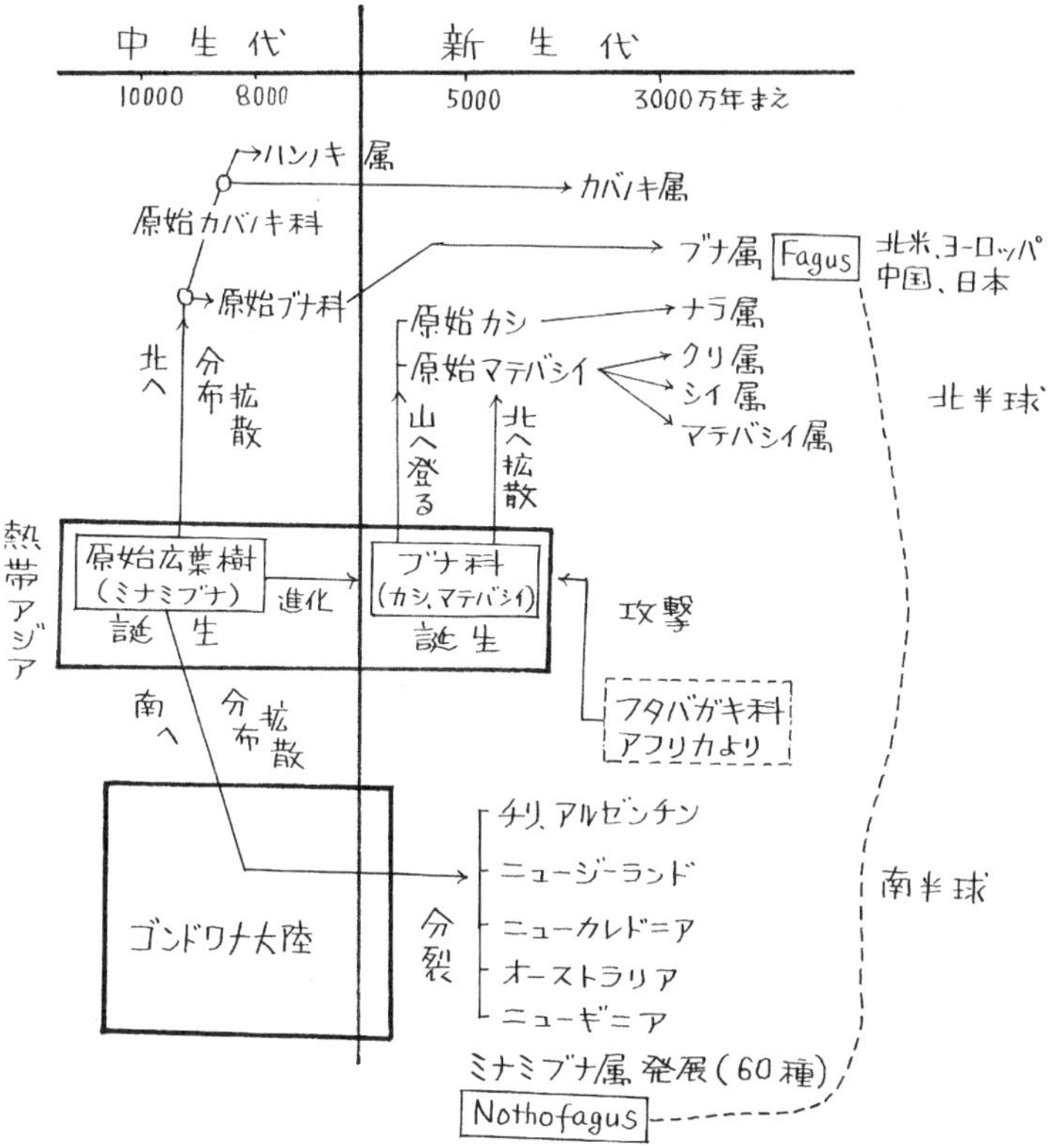

中生代
新生代
10000
8000
5000
3000万年まえ
ハンノキ属
カバノキ属
原始カバノキ科
ブナ属
Fagus
北米、ヨーロッパ
中国、日本
原始ブナ科
原始カシ
ナラ属
原始マテバシイ
クリ属
シイ属
マテバシイ属
北半球
北へ
分布拡散
山へ登る
北へ拡散
熱帯アジア
原始広葉樹
(ミナミブナ)
誕生
進化
ブナ科
(カシ、マテバシイ)
誕生
攻撃
南へ
分布拡散
フタバガキ科
アフリカより
チリ、アルゼンチン
ニュージーランド
ニューカレドニア
オーストラリア
ニューギニア
ゴンドワナ大陸
分裂
南半球
ミナミブナ属 発展(60種)
Nothofagus

デイジー、二つのなぞ

草本デイジー

フッカー谷を歩いていて、キク科の、白い花弁の、大きく、華やかな花を、あちこちでみた。ガイドさんは、デイジー、といった。あとで『ＮＺの高山植物』をしらべてみると、英名をMountain daisyといい、クレミシア（Clemisia）属に属するとある。ヨーロッパから来た人たちには、園芸植物のデイジーにみえたのだろう。『牧野新日本植物図鑑』をひもといてみると、われわれがデイジー（ヒナギク）と呼んでいるものは、西ヨーロッパからコーカサス地方に野生しているベリス・ペレニス（Bellis perennis）という種で、ＮＺのデイジーとは別属のものである。クレミシア属は、北半球にはないようだ。そこでこの本では、ニュージーランド・デイジーと呼ぶことにしたい。

日本の高山帯にも、ウサギギクやアズマギクなど、各種のキク科の草本がみられる。だから、ＮＺの高山帯にキク科の草本があってもふしぎではない。しかし、クレミシア属だけで、数十種もの種が存在するのは、理解に苦しむ。NZでは、なぜ、デイジーがこんなに大発展したのであろうか。これが、第一番目の疑問である。

木本デイジー

もうひとつ、ふしぎに思ったのは、ツリーデイジー、つまり木本性のデイジーの存在である。NZの高山植物図鑑をしらべてみると、木本デイジーは、草本デイジーとは別属のオレアリア（Olearia）属に属している。草本デイジーとは、少し、系統がちがうものらしい。

木本デイジーの花は、白で、比較的小さく、デイジーというより、シラヤマギクという感じである。われわれが訪れた季節では、花はあまり見られなかったが、図鑑類の写真でみるかぎり、花は枝一面に群がり咲くので、花期にはかなり目立つだろう。花は、晩春から夏にかけて咲くものが多い、という。

木本デイジーは、背丈は三～一〇メートル、葉は常緑で

サザンアルプスのフッカー谷はハイカーでにぎわっていた

肉厚、葉裏と枝先に短毛を密生する。この容姿は、北半球のシャクナゲに似ている。シャクナゲが占めるような環境（ニッチ）に適応した植物ではないか、と思う。NZで木本デイジーが発展しているのは、ツツジ科が存在しないことに原因があるのかもしれない。

木本デイジーは、海岸に生育するものから、森林の林縁や空地、さらにはサザンアルプスのトレッキング・コースぞいの低木群落内に生育するものまで、さまざまな種があり、生育地は広範囲に及ぶ。NZには、一九種の木本デイジーが存在する。フィヨルドランド（北島の海岸）には、花の美しいオポリア（O. oporia）がみられるという。

木本デイジーは、大部分はNZとオーストラリアに、そして一部がニューギニアに分布するだけである。ゴンドワナ大陸に関係した、古いタイプの植物であることがわかる。

草本デイジー

ハマギクのなぞ

木本性のキクは、日本にもある。キク科は、北半球では多彩な発展をとげている。高橋秀男監修『野草大図鑑』をひもといてみると、日本だけで二百数十種が記載されている。そのすべてが草本で、木本性のキクは、ただ一種、ハマギクだけである。ハマギクは、東北地方太平洋側の海岸絶壁に生息し、秋深くなって、大きな、白い花を咲かせる。私は、三陸海岸ではじめてハマギクをみた。それは、人の気持ちを晴れやかにしてくれる花だった。

私が住んでいる町の町花がハマギクで、公園などにもよく植えてある。それは樹木だった。私ははじめて、ハマギクが木本であることに気づいた。それ以来、ハマギクは、なぜ、木になったのか、どうして、寒風の吹きあれる三陸海岸の絶壁にすんでいるのか、という疑問が湧いてきた。

ハマギク　東北地方太平洋側の海岸絶壁にすむ

『野草大図鑑』をしらべてみると、ハマギクの学名は Nipponanthemum nipponicum とある。すごく日本的な学名がついているものだ。どうやら、日本特産、一属一種らしい。かつては、Chrysanthemum 属（イソギク、コハマギクの仲間）に置かれていたが、それらとは別物、と認識されたようである。ハマギクは、変わりものらしい。

ヨーロッパでも、木本性のキクは聞いたことがない。手もとにある北アメリカの植生とロッキー山脈の植物の本（『North American terrestrial vegetation』『Plants of the Rocky Mountains』）をしらべてみると、木本性のキクが一種出ていた。学名は Chrysothamnus parryi で、英名は rabbitbush（野ウサギの藪）という。樹高は二〇～六〇センチで、ロッキーの山中、寒冷な荒れ地にすむ、とある。

ハマギクといい、ラビットブッシュといい、すごくきびしい環境に生育していることがわかる。これは、ほかの植物がはいってこられない場所に逃げこんでいる、と考えざるをえない。もしかしたら、これら木本性のキクは、原始的な、よわい種類なのだろうか。

では、ハマギクは、なぜ木になったのだろうか。木になったからといって、きびしい環境によく耐えられるわけでもない。じつは、キクはもともと、木だった。それが、草原の拡大とともに、背の低い草本性のキクが出現してきた、と考えるほうが納得しやすい。そんななかで、木本性のキクは、木でありつづけている。どうやら、すごく保守的な性格の持ち主らしい。あまり保守的であると、生物は進化せず、じり貧になる。ハマギクは、その例を示しているのかもしれない。

草本デイジー大発展のなぞ

ＮＺの高山帯には、草本デイジーが多種類存在する。木本デイジーにくらべると、かなり進化した種ではないか、と私はみている。だから、草本デイジーは、木本デイジーとは別に、ずっと後の時代になって、木本デイジーから分かれてきたのか、それとも、熱帯アジアから、タネが風に飛ばされて、ＮＺに渡ってきたのか、そのどちらかだと思う。木本デイジーから分かれたとすれば、それはおそらく、造山活動による高い山々の出現がきっかけとなったのだろう。

北半球では、キク科植物は多彩な発展をとげている。そのほとんどが草本である。新第三紀になって、地球が寒冷・乾燥化して、また、高い山々の出現によって、各所に草原が発達してくる。草本ギクの発展は、そのような地球の環境変動とも関係があろう。

それ以前の古第三紀は、温暖・湿潤時代で、地球上は森林が支配しており、キク科植物も木本が主流だった、と思う。ところが、新第三紀にはいって、高い山々が形成され、そこに草原が発達する。そして、キク科植物も山に登る。しかし、北半球であれば、進化した草本たちが大挙して山に登ってくる。だから、キク科の草本が高山の草原ニッチを独占することはできない。

しかし、NZは隔離された古い島で、進化した植物の多くは、はいってこられなかった。そんな状況のなかで、NZの草本デイジーは、高山帯を独占し、大発展するチャンスをつかんだ、というわけである。

侵入者にご用心

ラジアータマツ植林成功のかげで

北島でも南島でも、いたるところでラジアータマツ（Pinus radiata）の植林地をみた。ラジアータマツは、カリフォルニア州モントレーを原産地とする三葉松である。アメリカではモントレーマツと呼ばれている。おそらく、カリフォルニア出身の移民たちが、ふるさとのマツを植えたのであろう。

ジョンストン女史『カリフォルニアの森林』には、つぎのような記事がある。

「一九二七年、モントレーマツのタネがはじめてオーストラリアの苗畑に導入されたとき、マツ苗の生育はうまくいかなかった。理由は、オーストラリアの土にモントレーマツが必要とする根菌《こんきん》が生息していなかったからである。情況は、ＮＺでもおなじだった。そこで、カリフォルニアの土をもってきてマツ苗を育てたところ、苗は順調に生育するようになった。」

ラジアータマツの育苗が成功して、オーストラリアでも、ＮＺでも、里山はモントレーマツの緑でおおわれるようになった。人々は植林の成功を喜んだ。ラジアータマツが植林に好まれたのは、成長がすぐれているることも、原因のひとつだろう。実際、われわれは、NZのいたるところで、大きく成長しているラジアータマツの植林地をみた。NZでは、ラジアータマツは、建築用材だけでなく、紙の生産にも欠かせない存在になっている、という。

ラジアータマツの植林は、NZにおける成功物語のひとつになっている。そして、それを成功させた立役者が、根菌なのである。根菌は、土のなかから、樹木の成長に必要な窒素や燐を、効率よくとりこんで、樹木の根に送りこんでくれる。また、土壌中の病原菌の攻撃から、根を守ってくれる。多くの樹木は、根菌の助けなしには、生きていくことはできない。ラジアータマツも、そうである。

ラジアータマツとその根菌の成功物語は、林学関係の教科書にもよく紹介されている。とくに、根菌の重要性を示す例として。しかし、NZにおけるラジアータマツの植林成功は、一方で、NZ本来の生態系を破壊する危険をはらんでいることは、あまり認識されていない。

ラジアータマツの林がNZの里山に広がりつつある、ということは、里山の土壌にラジアータマツ根菌が拡散しつつあることを示している。ラジアータマツ根菌が自然の山に拡散すれば、植林地からのタネの飛散で、ラジアータマツの自然実生も可能となる。実際、北島の海岸傾斜地で、ラジアータマツの自然実生苗をいたるところでみた。近い将来、NZの海岸傾斜地や岩場は、ラジアータマツで占領されてしまうだろう。

しかし、おそろしいのは、ラジアータマツが内陸深く侵入したときである。北島の場合、そこにはカウリの森が広がっている。もし、カウリの森にラジアータマツが侵入してくれれば、結果は明らかだ。進化した針葉樹（マツ）は、古い針葉樹を駆逐してしまうだろう。もし、カウリの森の土に、マツ根菌が存在しなければ、マツは生きていけないから、カウリも安全だった。しかし、いまや、根菌は忍者のように、古代植物王国にしのびよりつつある。

北半球では、なんの問題もないマツの根菌が、古い生きものの天国である南半球の、ゴンドワナ大陸圏では、恐ろしいエイリアンとなる。ＮＺ政府が、外国からの微生物の侵入に、ひじょうに神経質になっているのも、うなずける。

マキにとっても、ラジアータマツは危険な存在になるだろう。カウリの森を守るためには、ラジアータマツの侵入を監視する必要がある。侵入してきたラジアータマツの実生苗があれば、ただちに、全部除去されることを、私は念願している。

ＮＺの森を破壊するポッサム

ＮＺの森にはポッサム（possum、オポッサムと呼ばれることもある）が生息している。リスのような形と、かわいい目をもった有袋動物である。われわれは、今回の旅で、バスのガイドさんから、ポッサムの森林被害について、しばしば話を聞かされた。あとで『ニュージーランドの森林』という本を読んでみて、ポッサムは、恐るべき問題児であることを、あらためて知った。本から問題点を拾ってみると、つぎのようになる。

ニュージーランドのポッサムは、一八三七年から一九二四年にかけて、毛皮産業の確立のために、オーストラリアからもちこまれた。しかし、放獣は一九三〇年代までで終わった。ポッサムが、NZ在来の森に重大な被害を与えることが明らかになったからである。

ポッサムは木登りがうまく、森のなかの、どんな場所でも、餌（木の葉、芽や花、昆虫も）を採ることができる。ポッサムは、カマヒ（Weinmannia racemosda）、ラタ（Metrosideros robusta フトモモ科）、ポフツカワ（Metrosideros excelsa フトモモ科）、ファイブフィンガー（Five-finger）類（Pseudopanax spp. ウコギ科、葉形はコシアブラに近い）、ツリーフクシア（Tree Fuchsia）（アカバナ科）、マホエ（Melicytus spp. スミレ科）、ワインベリー（Wineberry）（Aristotelia spp. ホルトノキ科）などの高木の葉を好んで食べる。またクマヤナギなどの蔓植物や、ヤドリギ類も好むという。

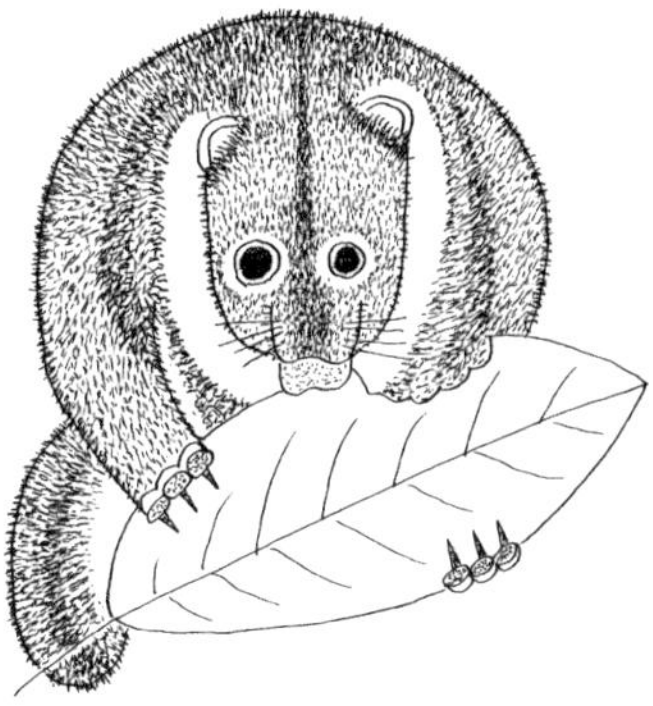

ポッサムはポフツカワの葉が好き

現在、NZには七千万頭のポッサムがいると推定されている。一時、皮をとるための罠掛けが広く行なわれたが、しかし最近、動物の毛皮を衣類として利用することにたいする反対キャンペーンが全世界的に広がり、罠掛けも行なわれなくなった。いまは、個々の木の幹に金属バンドを巻いて、梢に登るのを防止している。

ポッサムは、オーストラリアを原産地とする。オーストラリアには、もともと真性哺乳動物は存在しない。進化した哺乳動物が誕生したときは、オーストラリア大陸は、すでに熱帯アジアから分離していたからである。

オーストラリアには、原始的な有袋哺乳動物だけが残った。有袋類は、あらゆるニッチに広がり、その環境に適応して形態変化をおこし、さまざまな種に分化し、進化していった。こういう現象は適応放散《てきおうほうさん》と呼ばれている。

そのなかで、森の木に登って葉を餌にするものが二種類あらわれた。ひとつはクマ型の形態をしたもの、つまり、コアラの仲間であり、もうひとつは、リス型の形態をしたもの、つまりポッサムである。NZは、オーストラリアよりも、もっと古い時代に大陸から分離したらしく、有袋類も存在しない。この島の主たる動物は、爬虫類と鳥類であった。鳥類も、歩行性で、飛べないものが主だった。

NZは野鳥天国のようにいわれているが、飛翔性の、進化した小鳥たちは、もっと後の時代になって、熱帯アジアの島々から飛んできたものだろう。

もともとNZには、木登りして葉を餌にする動物は存在しなかった。そんな国に、木登りじょうずな食葉性の動物がはいってくれば、森はどうなるだろうか。NZの森の木々は、ポッサムの被害をうけて、いま、どんどん枯れていくという。現在、ポッサムは、NZ全島で増加しつつある。これは、NZの森には、ポッサムをコントロールする自然のシステムがないことを意味している。

木の葉が食べられる、ということは、森の生産工場が破壊されることを意味する。それは、森の死を意味する。だから、森林生態系には、そのような食葉者をコントロールするシステムができている。木の葉を食べる蛾《が》であれば、野鳥や野ネズミや天敵昆虫がそれを食べてコントロールする。しかし、日本には、木の実や芽や昆虫を食べるリスはいても、木の葉を食べるポッサム型のリスはいない。だから、ポッサムのような動物にたいして、生態系は、どのようなコントロール・システムをとるのか、私には、まだ理解しにくいものがある。

ＮＺのポッサムは、いま、ノーコントロールの状態で増加しつつあるようにみえる。しかし、ふるさとのオーストラリアでは、森を破壊している、という話は聞かない。Ｓ・ブリーデン（S. Breeden）『Visions of a rainforest』は、オーストラリアの熱帯雨林の自然を描写した日記風の物語であるが、イチジクの葉を食べているポッサムの彩色画が出てくる。この本では、ポッサムは森のかわいい動物という印象をあたえている。

ふるさとのオーストラリアの森は、ポッサムにたいして、どんなコントロール・システムを働かせているのか、そのことが気になっているのだが、私には判断する資料がない。ただ、考えられることは、オーストラリアの森林はユーカリ属の樹種が優占しているが、ユーカリ類は強烈な匂いをもっていて、それでポッサムを防衛しているのではないか、ということである。ＮＺのポッサム対策のキーは、オーストラリアの自然のなかに隠されていると思う。

ところで、今回のＮＺの旅で、一行のひとりが、土産店でポッサムの首巻きを買った。毛の肌ざわりは、すべすべして、とても気持ちがよかった。ＮＺの国民は、毛皮反対運動に気がねしているようだが、「ポッサムの最大の防除法はポッサムを有効利用することにある」のだから、ＮＺの貴重な森を守るために、毛皮反対運動を気にすることはない。世界の目が期待してみつめていることは、ＮＺ国民が、毛皮反対運動に同調することではなく、ＮＺにしか残ってない原始の森を、ポッサムから守る運動を進めてくれることである。われわれも、ＮＺに行ったら、ポッサムの毛皮商品をどんどん買おう。

195頁のポッサム画は、『Visions of a rainforest』のポッサムのポーズを参考にしたものだが、よりかわいく、より軟らかで、より繊細な毛皮をイメージして、モノクロで描いた。目は、左右いびつで、よいできとは思えないが、日本の観光客が、ポッサムの毛皮を、どんどん買ってくれるように、という願いをこめて描いたものである。

ＮＺ蝶物語

魅惑のジャノメチョウ類

ＮＺは、街の通りも住宅の庭も、美しい草花で飾られていた。しかし、その花には蝶が舞っていなかった。なんだか、ものたりない、さびしさを感じた。北島のコロマンデル半島でみかけた蝶は、モンシロチョウと、オオカバマダラと、キイロタテハ（アカタテハの一種）の三種だけだった。サザンアルプスの山麓、フッカー谷の草むらでも、さまざまな草花が咲いていたが、みた蝶は、羽が黄褐色のベニシジミ類（二種類）と、青色のシルビアシジミだけだった。

ＮＺの蝶蛾《が》図鑑をしらべてみると、ＮＺの自然の森には、ジャノメチョウ科の蝶が三種生息するという。そのうちの一種モリジャノメ（Forest ringlet、Dodonidia helmsii）はブナの森にすむらしい。ＮＺの一ドル切手になった蝶で、ブナの葉にとまった姿は、なかなか華麗である。伊藤正子さんから、この切手をいただいたとき、アゲハチョウ科の一種かと思ったが、蝶蛾の本をしらべてみて、ジャノメチョウ科の仲間であることを知った。みたい蝶のひとつだったのだが、今回の旅では遭遇しなかった。どうやら、自然の森の奥深くに、ひっそりと暮らしているらしい。

ＮＺの森には、ほかにクロヤマジャノメ（Black mountain ringlet、Percnodaimon merula）という種がいる。私は最初、モリジャノメがＮＺの国蝶にふさわしい、と思っていたのだが、蝶蛾の図鑑をみながら、クロヤマジャノメをスケッチしていて、その羽のデザインに一種の感動のようなものをおぼえた。それは、いくらか赤味をおびた黒っぽい夜空に、四つの、小さな白い星が輝いているようだった。この蝶も、なかなか魅惑的で、捨てがたい。

ＮＺのジャノメチョウ類は、ＮＺ以外の国に同属（親戚）の蝶がみあたらない。そうとう古いタイプの蝶だと思う。ジャノメチョウ類は一般に、飛翔力がないから、これらのジャノメチョウが、いつ、どこから、どのようにしてＮＺに渡ってきたのか。それとも、ＮＺで誕生したとすれば、その先祖はなにものなのか。ＮＺのジャノメチョウ類の出生はなぞめいている。この問題への探求は、将来の楽しみとして残しておこう。

蝶は、蛾から進化した生きものである。蝶が誕生した時代は、いまから四〇〇〇万年くらいまえのことだから、そのころＮＺは、すでにゴンドワナ大陸から分離している。だから、ＮＺの島が誕生したころは、蛾はいても、蝶は存在しなかっただろう。

現在、ＮＺにいる蝶は、ごく最近になって、人間の活動にともなって渡ってきたものと、それよりは古いが、地史的には比較的最近になって（新第三紀の中ごろか後期に？）渡ってきたものに分けられる。モリジャノメとクロヤマジャノメは、後者の例である。

モンシロチョウは前者の例で、キャベツ栽培にともなって、ＮＺにも広がった蝶である。

オオカバマダラは北アメリカ原産で、幼虫はトウワタ類（Asclepias属、ガガイモ科）を食べる。ＮＺにはトウワタは自生しないから、最近になって、園芸植物のトウワタについてアメリカ大陸からやってきた、と考えるのが妥当だろう。この蝶は、カリフォルニアからメキシコ（越冬地）に集団で旅することでも有名である。

ニュージーランドベニシジミ

サザンアルプス・フッカー谷をトレッキングしていて、ひとつの蝶が私の興味をひいた。ベニシジミである。この蝶は、フッカー谷周辺の草むらで、数多くみられた。これは、ＮＺ固有の種であるが、どこにでもみられる、ごくありふれた蝶なのである。それが私の興味をひいた

ニュージーランドの蝶４種

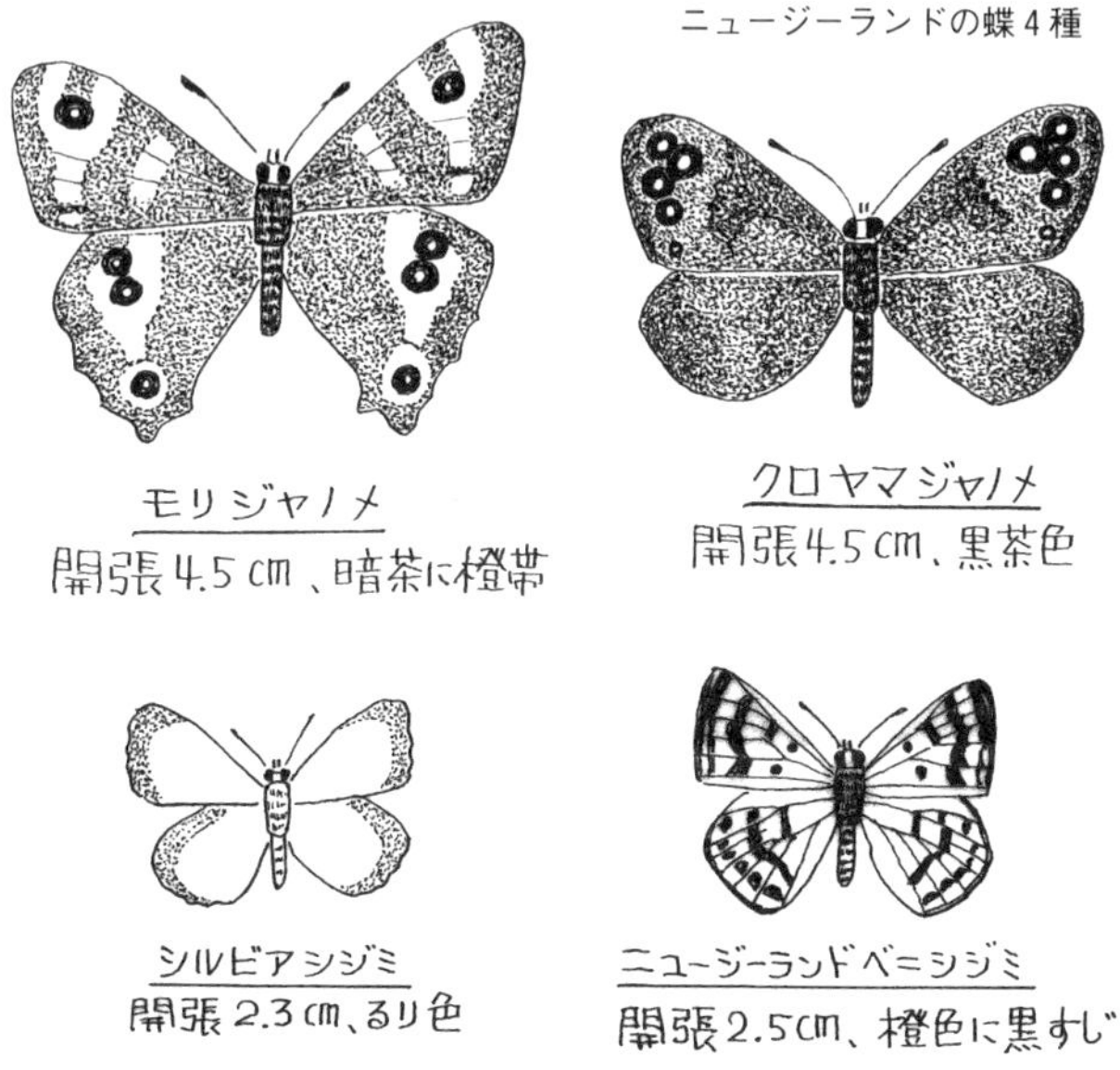

のは、同属の親戚が、遠く離れた日本にも生息しているからである。日本とは、なにもかも異なるＮＺの生きもののなかで、ベニシジミには、日本と共通するなにかがみえる。日本とＮＺを結びつけるこの蝶は、いったい、なにものなのか。

ＮＺの昆虫図鑑をしらべてみると、ＮＺにはベニシジミの仲間（Lycaena 属）が三種いた。このうち、フッカー谷でよく見かけたのは、英名を Common copper（銅色のシジミチョウ）といい、学名を Lycaena salustius という種だった。かりにニュージーランドベニシジミと名づけておく。

日本には、ベニシジミ属は一種（L. phlaeas）しか存在しない。そのベニシジミも、日本（沖縄を除く）のいたるところに、ごくふつうにみられる蝶なのである。手もとにある蝶類図鑑をしらべてみると、この種はなんと、ヨーロッパからアジアをとおって北アメリカまで、北半球の温帯に広く分布している蝶だった。世界をまたにかけて繁栄している蝶だった。

この蝶は、ヨーロッパでは Small copper と呼ばれている。ヨーロッパの蝶蛾図鑑には、「この蝶が広域に分布するのは抜群の飛翔力があるからだ」と書いてある。しかし、それだけではないと思う。この蝶の幼虫は、タデ科 Rumex 属（ギシギシやスイバの仲間）を食べているのだが、このギシギシ類が、北半球温帯域の草原の、いたるところで繁栄しているのである。このことも、ベニシジミの広域分布の重要な原因ではないか、と私は考えている。

P・スマート（P. Smart）『世界の蝶百科』をしらべてみると、ベニシジミ属（Lycaena）は世界で三九種記録されている。そのうち、二二種について、分布地域をしらべてみたところ、北半球では北アメリカ（カナダを含む）八、アジア六（中国、インド）、ヨーロッパ二、ロシア二で、合計一八種であった。一方、南半球ではＮＺ三、南アフリカ一で、合計四種であった。分布の中心は北半球の温帯域にあり、なかでも北アメリカでの発展が目立つ。南半球には少ない。

上記の本によると、幼虫の食草はタデ科の Rumex 属（ギシギシの仲間）か Polygonum 属（イヌタデの仲間）とある。ただ、日本での記録によると、日本のベニシジミは、イヌタデ類よりギシギシやスイバのほうに、よりつよい嗜好《しこう》性があるようだ。

日本のベニシジミ（撮影：秋山列子）

日本には、ベニシジミ属は一種しかいないが、隣国の朝鮮半島や中国大陸には、より大型のオオベニシジミ（L. dispar、羽の開張三〜四センチ）が生息している。ベニシジミ（羽の開張二・五〜三センチ）より、ひとまわり大きく、華麗な姿をしているという。朝鮮半島に出かけて、採集してみたいものだ。

上述のように、ベニシジミ属は、北半球の温帯域で大繁栄しているが、熱帯東南アジアには存在しないらしい（沖縄にも生息しない）。熱帯は、もともと森林が支配する世界で、草原植物のギシギシ類は存在しないのかもしれない。

また、ベニシジミ属は、オーストラリア圏（ニューギニア、ニューカレドニアなど、南太平洋の島々も含む）と南アメリカにも生息しない。そんな状況のなかで、ＮＺに三種も存在するのは、考えてみれば、不可解な現象である。

蔓性のタデ科植物・ムーレンベッキア

ＮＺには、ギシギシもイヌタデも存在しない。ＮＺのベニシジミ類はタデ科のムーレンベッキア属(Muhlenbeckia)を食草にしている。ムーレンベッキアは蔓性の多年草だから、草原よりも、樹林の林縁で生活している、と思う。だから、ニュージーランドベニシジミがサザンアルプスの草原でみられるとしても、周辺にムーレンベッキアの蔓がからんだ樹林があり、そこで繁殖しているはずだ。草原一色(たとえば放牧地)の環境には、ニュージーランドベニシジミは生息しない、と私はみている。

いずれにしても、ＮＺのベニシジミ類は、いつごろ、どこからやってきたのか、なぞに包まれている。おそらく、比較的最近(数百万年まえ?)になって、オーストラリア大陸か、南太平洋の島々を経由して、ＮＺに渡ってきたのではないか、と私は推測する。ベニシジミには、つよい飛翔力があるから、海を渡ることは可能だ。

しかし、この推測がなり立つには、オーストラリア大陸や南太平洋の島々に、タデ科の野草が存在する、という条件が必要となる。これらの熱帯に近い島々にギシギシやイヌタデ類が存在するとは考えにくい。しかし、ムーレンベッキアなら、存在していた可能性はある。ところが実際は、ムーレンベッキアはＮＺ以外には存在しない。そこで、このなぞを解くために、私はつぎのような推理を立ててみた。

ムーレンベッキアは、

①ゴンドワナ大陸圏の、古いタイプの植物である。

②かつては、オーストラリア大陸やニューギニア島にも、そして、ニューカレドニアやソロモン諸島など南太平洋の島々にも、ベニシジミといっしょに、存在していた。

③しかし、なんらかの理由で（おそらく進化した蔓植物に駆逐されて）、絶滅してしまった。そして、ベニシジミもいっしょに。

ではなぜ、ムーレンベッキアは、ＮＺでは生き残ったのか。この謎は解きにくい。理由はよくわからないが、進化した蔓性の野草がＮＺに侵入してこなかったのではないかと思う。この推理が妥当かどうか検証するには、オーストラリアかニューギニアに行って、林縁で生活している蔓性草本の様子をしらべて、ＮＺのそれと比較してみる必要がある。

ともかく、ＮＺに到達したベニシジミは、ムーレンベッキアを幼虫の餌植物にして、そこで隔離生活をつづけているうちに、三種に分化し、それぞれＮＺ固有の種に進化していった。これが、私の推理小説である。

ＮＺのベニシジミ類の隔離分布

世界のベニシジミ属の分布は、北半球の温帯域に集中しており、ＮＺのベニシジミは、その中心分布域から大きく離れている。いわゆる隔離分布している。この隔離分布はなにを意味するのだろうか。

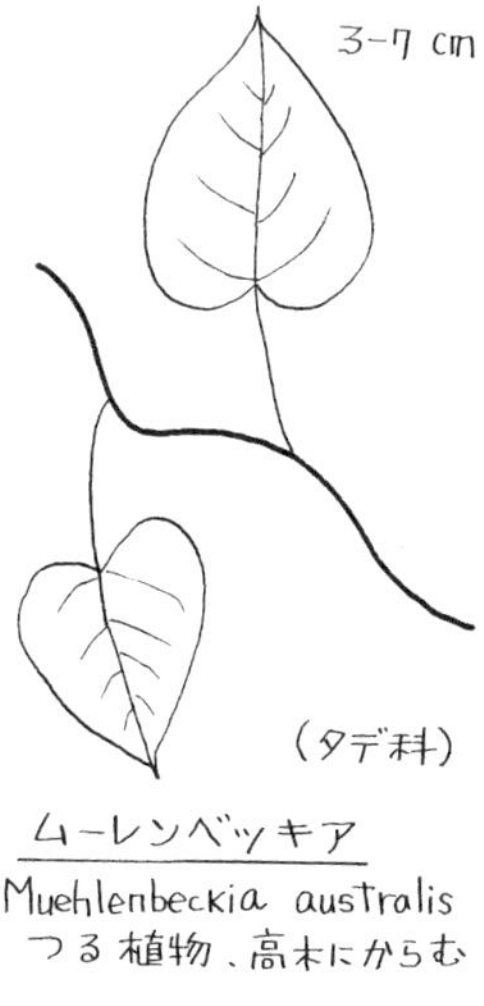

隔離分布は、古いタイプの、よわい生きものに、よくみられる。それは、滅びゆく姿を示している。しかし、進化した、活力にみちたベニシジミ群が、そんな隔離分布をするはずがない。ＮＺのベニシジミ類の隔離分布は、蝶自身の性質にあるのではなく、ベニシジミの宿主植物・ムーレンベッキアが隔離分布していることの結果ではないか、と思う。

ところで、ムーレンベッキアとは、そもそもどんな植物なのだろうか。ＮＺの森林植物について解説したガイドブックには、つぎのような記載があった。

ＮＺには、数種類のムーレンベッキアが自生している。オオバムーレンベッキアは、葉はハート型で三〜七センチ長。実《み》は、白っぽい、半透明の花びらがふくらんだもので、なかに小さいタネがある。蔓性の草本で、高木や灌木にからみつき、ときに殺すこともある（日本のクズのような習性があるらしい）。先のとがった、五弁の花は、キイチゴの花に似ていて、子供は好んで食べる。おどろくほど甘くてジューシーである。この花は、パイやケーキづくりにも利用されている。葉はベニシジミの幼虫が食べる。蔓の軸には穿孔《せんこう》性の蛾がもぐりこみ、被害部はふくれて虫こぶとなる。

ＮＺには、ほかにコバノムーレンベッキアも、ふつうにみられるという。今度ＮＺに行くときは、ムーレンベッキアの葉につくベニシジミの幼虫探しをしてみたいものだ。

ギシギシに要注意

オーストラリア大陸にもベニシジミはいない。このことは、この大陸にはギシギシが存在しないことを暗示する。私は、オーストラリアの植物図鑑をもっていないので、断言はできないけれど、ベニシジミがそう語っているのである。このことも、現地に行って確かめてみたいことだ。

いずれにしても、オーストラリアやＮＺにギシギシが存在しないことは、畜産業にとって幸運、といわざるをえない。なぜなら、ギシギシは放牧地の大敵なのだから。鳴子の東北大学農場での経験によると、牛を放牧すると、ギシギシがどんどん増えてきて、牧草地を破壊してしまう。最初、牛はギシギシを嫌っているのか、と考えたが、どうもそうではないらしい。

宇都宮貞子さんの本には、「ウマノズイコ（ギシギシ）は牛、馬、山羊はよろこんで食べる。しかし、花が咲いてからは、与えてはだめ。糞が畑に入ると、そこから芽生えてくる」とある。

ギシギシのタネは、牛馬には消化されないらしい。ＮＺもオーストラリアも、外来生物の侵入に神経をとがらせている。これは当然だ。もし牧草にまじって、北半球のギシギシのタネがオーストラリアやＮＺに侵入することにでもなれば、畜産業は破壊されてしまうことにもなりかねない。

シルビアシジミの場合

サザンアルプス・フッカー谷で、もうひとつ、気になる蝶がいた。シルビアシジミの一種である。羽は青色の、小さなシジミチョウである。あまり小さいので、注意しなければ、つい、見逃してしまうだろう。ＮＺの昆虫図鑑によると、学名は Zizina labradus で、これは、最近になってオーストラリアから渡ってきたものだとある。ＮＺにとっては外来の蝶らしい。

今回、ＮＺにもシルビアシジミの仲間が生息している、ということを知って、その素性をしらべてみた。いろいろな蝶類図鑑を読んでみると、日本のシルビアシジミ（Zizina otis）は、東アジアから東南熱帯アジアをとおってオーストラリアまで、広範囲に分布するとある。なんと、この蝶もまた、世界をまたにかけて、広く分布している蝶だった。つまり、ＮＺのシルビアシジミは、日本に生息するシルビアシジミとおなじもの、ということになる。

ベニシジミが、北半球を東西方向に広がっているのにたいして、シルビアシジミは、アジアからオセアニアにかけて、つまり、北半球から南半球にかけて、温帯から熱帯を、南北縦方向に広がっていた。

この分布のちがいは、なにを意味するのだろうか。答えは簡単である。幼虫の食草の分布の仕方がちがうのである。ベニシジミの食草・タデ科は北半球の温帯で繁栄している植物であるが、シルビアシジミの食草・マメ科は、もともとは熱帯の植物なのである。

シルビアシジミの日本での食草は、ミヤコグサとコマツナギであるが、マレー半島にいくと、シルビアシジミはミモザ（Mimosa pudica、オジギソウ）を食草にしている。シルビアシジミが東南アジアの熱帯からオーストラリアにまで広く分布しているのも、ミモザが、熱帯地域で、雑草のように、どこにでも生えていることと関係がある、と私は考える。

シルビアシジミも、世界をまたにかけて広範囲に分布している、バイタリティのある、進化した蝶だった。しかし、いくら飛翔力があるといっても、オーストラリアからＮＺまで飛んでいった、とは考えにくい。やはり、幼虫がミモザにくっついて、ＮＺに渡ってきたのだろう。

ＮＺのモリジャノメやクロヤマジャノメは、世界に親戚をもたない、古いタイプの、滅びかかっている蝶であるが、ニュージーランドベニシジミやシルビアシジミは、進化して、大発展している一族の蝶である。ＮＺの蝶の世界は、樹木の世界とおなじように、古いものと、新しいものが混在した、奇妙な様相をみせていた。

（注）ミモザというと、日本ではミモザアカシアをイメージするが、正しくはオジギソウのこと。

ＮＺの海岸樹木は日本の親戚

クリスマスの花木

コロマンデル半島の海岸には、ヤマモモのような葉をもつ広葉樹が多かった。ビーチを散歩していて、それが、ポフツカワ（Metrosideros excelsa）という樹であることを知った。十二月から一月にかけて、ポフツカワのまっ赤な花が海岸線を飾るという。だから、クリスマスの花木、と呼ばれている。われわれが訪ねたのは二月中旬だったから、海岸を赤く彩る、という光景はみられなかったが、ところどころで、咲き遅れの花をみた。燃えるような赤で、長いしべの群れが花筒から突出していた。ＮＺでは、重要な蜜源植物のひとつになっている。

中生代の、地味なカウリの森を見たあとで、海岸で派手はでのポフツカワの花をみると、なにか、アンバランスなものを感じた。ポフツカワって、いったい、なにものだろうか。

メトロシデロス（Metrosideros）属は、南太平洋一帯の島々からＮＺにかけて、広く分布しているという。ＮＺには五種が存在する。そのなかで、いちばん勢力を張ってるのがポフツカワで、とくに北島の海岸域を支配している。葉は、比較的小さく、厚く、裏に短毛が密生していて、海岸という環境によく適応していることがわかる。

そのメトロシデロスが日本にも存在していた。ムニンフトモモ（M. boninensis）という樹で、小笠原特産種だそうだ。高橋秀男監修『樹木大図鑑』によると、これは、ポリネシアに広く分布する M. collina の一形ではないか、とある。写真をみると、ＮＺのポフツカワとそっくりの、長く、赤いしべをもった、派手はでの花だった。花期は九月とある。ポフツカワなんて、遠い南の国の植物か、と思っていたのに、その近い親戚が日本にもいた。考えてみれば、日本も太平洋の島国だった。そして、メトロシデロスも、太平洋の「海の民」らしい。

ポフツカワ（フトモモ科）の花は燃えるような赤

ポフツカワはフトモモ科に属する。フトモモ科の植物といわれても、われわれにはピンとこないが、ユーカリ（Eucalyptus）やブラシノキ（Callistemon）などがこの科に属する、といえば、なんとなくイメージがわいてくる。いずれも、花には長いしべが、群がり突出している。

じつは日本には、もう一種、別のフトモモ科が存在する。アデクまたはアカテツノキ（Syzygium 属）と呼ばれている樹である。九州、沖縄のほか、台湾、中国南部、インドシナ半島にかけて、広く分布する。アカテツという名は、幹肌が赤褐色で、材が鉄のように硬いところからつけられた。

フトモモ科一族は、熱帯アジアの島々で大発展している。その華麗な花をみると、比較的最近になって進化してきた植物群ではないか、と思う。果実は袋状で、なかに微小なタネが詰まっている。風で遠くまで飛散すると考えてよい。タネが微小ということは、フトモモ科一族は、裸地を指向する陽樹群であることを示している。海岸や山地の裸地や岩場に適応している樹群ではないか、と私はみている。ＮＺにメトロシデロス属が五種も存在することは、ＮＺが海洋の島国であることを示している。

海の民・トベラ

日本列島西南部の海岸線では、トベラ—ウバメガシの群落が発達しているが、ＮＺの海岸域には、トベラ類はあるが、ウバメガシは存在しない。そして、ウバメガシの位置をポフツカワが占めているようにみえる。

日本には、トベラは一種しか存在しないと思っていたが、トベラ科トベラ属（Pittosporum）は、六種も存在していた。高橋『樹木大図鑑』によると、トベラ（P. tobira）は広域分布種で、本州は宮城県以南から、四国、九州、沖縄、朝鮮半島南部、中国にかけて分布している、という。そしてそのほかに、沖縄にはリュウキュウトベラが、小笠原諸島にはシロトベラ、オオミノトベラ、コバノトベラ、ハハジマトベラの四種が産するとある。トベラ属は、海岸に適応した樹群らしい。そして、島ごとに隔離されて、別種に分化していく傾向があるらしい。

むかし、南伊豆で森林研究をはじめたとき、伊豆半島の海岸絶壁の植生がウバメガシ—トベラ群集で構成されていることを知った。当時は、そういう事実認識しかなかったのだが、最近、中国雲南省を旅して、ウバメガシの仲間がきびしい環境の山岳荒原で逃避生活しているのをみて、日本の海岸絶壁のウバメガシも中国から逃げてきた一族ではないか、と考えるようになった（西口『森と樹と蝶と』）。

そしていま、ＮＺに来て、その海岸樹をしらべていて、トベラ一族は、フトモモ科のメトロシデロスとおなじように、太平洋を舞台にして活躍している「海の民」であることを知った。トベラ属は、海岸に逃避してきたのではなく、根っから海が好きなのである。トベラ属は、北半球より南半球で、よりよく繁栄しているという。ＮＺのトベラ属は、二〇以上もの種を含んでいる。

ＮＺのトベラはいま、ポフツカワと組んで、海岸植生を構築している。ＮＺの海岸域は、ポフツカワなどフトモモ科の植物と、トベラ科の植物が多くみられるが、これらは、カウリ・マキ・シダの、ゴンドワナ大陸時代からすみついている古い植物群とはちがって、比較的最近になって、熱帯アジアの島々から渡ってきたのではないか、と私はみている。

ＮＺの森は、奥深くはいれば、中生代の古い植物で構成されているが、海岸の森は、比較的新しい時代に誕生した海洋系の植物群で構成されている。私はいま、メトロシデロスとトベラをとおして、北太平洋の島国日本と、南太平洋の島国ＮＺがつながっていることを知った。

あとがき

この本のゲラ刷りを読みかえして、気がついたことがひとつある。ノジコという鳥のことである。この鳥が、ハンノキ湿地林と深くかかわりあいながら生きていることは、本文のなかで述べた。そのノジコは中国大陸では繁殖していない。近似種のアオジが、中国東北部で広く繁殖しているというのに。このことは、中国大陸には、アオジが好む高原性の低木林は広く存在するとしても、日本列島で見られるような形態のハンノキ湿地林は存在しない、ということを示しているのではないか、と思う。ハンノキもノジコも、日本列島という特異な風土に育てられてきた生きもの、ではないかと思う。

森の世界を、部分ではなく、トータルとして把握したい。こんな気持ちが、私を「森のなんでも研究」へと駆りたてる。そして、今回の『ハンノキ物語』ができた。いま、ゲラ刷りを読みかえしながら、いろいろなことを自問自答している。

なぜ、私は、この本を書いたのか？　これは、自分を納得させるための、確認書みたいなものである。自分だけの書であれば、ひとつひとつ確認する必要はない。私は、「森林教室」をもち、さまざまな社会人の方々に、森の話やガイドをしてきたし、これからも、しつづけるであろう。自分の知識や考え方が、まちがっていないか、話したことが、それでいいのか。私の話は多面にわたるので、たえずチェックする必要があるのだ。誤りに気づけば、すぐ、訂正する。

しかし、私がもっとも気を配っていることは、話に自分の個性があるのか、考え方に独創性があるのか、他人の言葉をただ伝達しているだけではないのか、という点である。私が独創性をつよく意識するようになったのは、世の中、あまりにも人まねが多すぎるからである。偉そうなことを言っている研究者も、やっていることは、ほとんど欧米のさるまねである。立派な言葉でも、だれかが言ったことを、もっともらしくしゃべっているだけだ。そんな学者にならないよう、気をつけている。

この本は、自分のための確認書ではあるが、だれかに伝えたいという気持ちもある。それはたとえば、森林インストラクターの方々である。森はすごく多面的な存在だ。大学を定年退職して一〇年、やっと気づいたことも少なくない。森林ガイドは経験がものをいう世界だ。成長するには時間がかかる。若い人には時間が足りない。もし、年寄りの経験を伝達することができれば、若い人は、短い時間で、年寄りの経験を追体験できる。そして、それを超えて、新しい世界を開拓していくことができる。

一人で、森林全体をカバーすることは、容易なことではない。だから、浅く、広く、ということになる。しかし、大切なことは、知識の羅列ではなく、そこに一本の筋がとおっていなければならない。それには、その人自身の「森の探求」が必要となる。本を読むだけでなく、自分の頭で考えること。その成果として、その人の「森の物語」ができる。それができて、はじめて、一般の人たちをガイドするとき、おもしろくて、楽しくて、そのうえ教養を高めるのに役に立つ「森の解説」ができる。

今回のタイトルは、どうしても私の独自色を出したかった。それは、ほかの人には出せないものでなければならない。そのタイトルは、ただひとつ「森のなんでも研究」である。少し品位に欠けるような気もするが、これ以外にない、という気持ちである。

今回の本を出版するにあたって、またまた、八坂書房にお世話になることになった。売れるかどうか、予断を許さない状況下にあって、いつも暖かくつきあっていただいて、心からお礼を申し上げたい。編集・校正の労をとっていただいた中居恵子さん、今回もお世話になりました。ありがとうございます。

参考文献

赤間　徹・西口親雄：東北大学演習林における落葉広葉樹二次林の研究Ⅰ　コナラ林およびハンノキ―ヤチダモ林の林分構造（東北大）川渡農場報告2　一九八二
井上　寛・ほか：原色昆虫大図鑑Ⅰ（蝶蛾編）　北隆館　一九六三
――・ほか：日本産蛾類大図鑑Ⅰ・Ⅱ　講談社　一九八二
井上元則：林業害虫防除論（中）　地球出版　一九五三
井上　浩・横山和正：きのこ・こけ・しだ　小学館　一九七九
伊藤一雄：樹病　朝倉書店　一九五二
――：樹病学大系Ⅰ・Ⅱ・Ⅲ　農林出版　一九七一、七三、七四
今関六也・ほか（編）：日本のきのこ　山と渓谷社　一九八八
宇都宮貞子：草木おぼえ書　読売新聞　一九七二
岡島秀治（監）：甲虫　ＰＨＰ研究所　一九九四
岡本省吾：原色日本樹木図鑑　保育社　一九五九
小川　真：「マツタケ」の生物学　築地書館　一九九一
学習研究社：オルビス学習科学図鑑・昆虫1　一九八〇

金子繁・佐橋憲生（編）：ブナ林をはぐくむ菌類　文一総合出版　一九九八
清棲幸保：原色日本野鳥生態図鑑Ⅰ、Ⅱ　保育社　一九五九
講談社：菌類図鑑上・下　一九七八
小島圭三・林　匡夫：原色日本昆虫生態図鑑Ⅰカミキリ編　保育社　一九六九
小林富士雄・竹谷昭彦（編）：森林昆虫　養賢堂　一九九四
清水大典・伊沢正名：きのこ　家の光協会　一九八八
城川四郎：猿の腰掛け類きのこ図鑑　地球社　一九九六
鈴木　恕・毛利秀雄：ウイナー生物ⅠB・Ⅱ　文英堂　一九九六
高野伸二：フィールドガイド日本の野鳥　日本野鳥の会　一九八二
高橋郁雄：北海道きのこ図鑑　亜璃西　一九九九
千葉　修：樹病学　地球出版　一九七一
徳永芳雄：植物病原菌学　博友社　一九八四
中山周平：野山の昆虫　小学館　一九七八
西口親雄・赤間　徹：東北大学演習林北山地区の鳥相　森林文化研究1　一九八〇
――・　同　　：東北大学演習林の野生動物　同2　一九八一
――・今野政男：鳴子樹木誌　同3　一九八二
――・酒井昭子・今野政男・赤間　徹：東北大学演習林ハンノキ・ハルニレ林の下層植物群落、川渡農場報告2　一九八二
――：ブナの森を楽しむ　岩波書店一九九六
――：森の命の物語　新思索社　一九九九
――：森と樹と蝶と　八坂書房 二〇〇一

――――：森林インストラクター（森の動物・昆虫学のすすめ）　八坂書房　二〇〇一
日本林業技術協会（編）：熱帯林の100不思議　一九九三
――――：里山を考える101のヒント　二〇〇〇
樋浦　誠：植物病原菌類解説　養賢堂　一九六四
福岡イト子：アイヌ植物誌　草風館　一九九五
福田晴夫・ほか：原色日本蝶類生態図鑑Ⅲ　保育社　一九八四
平凡社：寺崎日本植物図譜　一九七七
保育社：原色日本甲虫図鑑Ⅳ　一九九二
北隆館：原色昆虫大図鑑Ⅲ　一九六五
――――：日本古生物図鑑（学生版）　一九八二
――――：原色きのこ図鑑　一九八六
――――：野草大図鑑（高橋秀男・監）　一九九〇
――――：樹木大図鑑（高橋秀男・監）　一九九一
――――：牧野新日本植物図鑑（新訂）　二〇〇〇
松下真幸：森林害虫学　富山房　一九四三
湊　正雄：目でみる日本列島のおいたち・古地理図鑑　築地書館　一九七八
宮田　彬：蛾類生態便覧　昭和堂印刷　一九八三
山渓ハンディ図鑑：樹に咲く花・離弁花1　山と渓谷社　二〇〇〇
吉川　寛・石川美恵子：落葉図鑑　文一総合出版　一九九二
善本知孝：森はレモンの香り　文一総合出版　一九九〇

中国原書
中国科学院植物研究所（編）：中国高等植物図鑑（全7冊）　一九九四

訳書
アッテンボロー、D（門田裕一監訳）：植物の私生活　山と渓谷社　一九九八
サバティエ、R（永井真貴子訳）：きのこの名優たち　山と渓谷社　一九九八
ジョンストン、VR：カリフォルニアの森林（西口親雄訳：セコイアの森　八坂書房　一九九七）
ハインリッチ、B（法村里絵訳）：森は知ってる　角川書店　一九九九
ライアル、R：ニュージーランド南アルプスの植物　Ryall Enterprises　二〇〇〇
ルイス、HL（阪口浩平訳）：原色世界蝶類図鑑　保育社　一九七五

英文原書
Abrera, B. D.：Butterflies of the Australian region, Lansdowne Press, 1971
Barbour, M. G. & Billings, W. D.(ed.)：North American terrestrial vegetation, Cambridge Univ. Press, 2000
Cranbrook, E. & Edwards, D.：A tropical rainforest, Sun Tree Publishing, 1994
Carter, D.：Butterflies & moths in Britain and Europe, Pan Books, 1982
Corbet, A. S. & Pendlebury, H. M.（Third ed. revised by J.N.Eliot）：The butterflies of the Malay Peninsula, Malayan Nature Society, 1978
Crowe, A.：Which native trees ? Viking, 1992
――――：Which native forest plant ? Viking, 1994
――――：Nature flip guides, New Zealand insects, Penguin, 2000

Dawson, J. & Lucas, R.：Natural guide to the New Zealand forest, Godwit, 2000

Folch, R.：Encyclopedia of the biosphere 7. Deciduous forests, Gale Group, 2000

Johnson, H.：The international book of trees, Mitchell Beazley, 1993

Kelly, C. T.：Birds of New Zealand, Collins, 1982

Kershaw, L. et al：Plants of the Rocky Mountains, Lone Pine Pub., 1998

Lawrence, E(ed)：The illustrated book of trees and shrubs, Gallery books, 1985

Mitchell, A.：The complete guide to trees of Britain and Northern Europe, Dragon's World, 1985

———　：Trees of North America, Dragon's World, 1990

Novak, I.：Butterflies and moths, Hamlyn, 1985

Parkinson, B. & Patrick ,B.：Butterflies and moths of New Zealand, Reed Books, 2000

Phillips,R.：Mushrooms and other fungi of Great Britain & Europe, Pan Books, 1981

Salmon, J. T.：New Zealand native trees, Reed Books,1986

———　：A field guide of the alpine plants of New Zealand, Godwit Pub., 1992

Smart, P.：The encyclopedia of the butterfly world, Tiger Books Intern., 1991

Stanley, B. & Cooper,W.T.：Visions of a rainforest, Simon & Schuster, 1992

Stastny, K.：Songbird, Hamlyn,1980

Stuart, J. D. & Sawyer, J. O.：Trees and shrubs of California, Univ.Cal.Press, 2001

Tainter, F. H. & Baker, F. A.：Principles of forest pathology, J.Wiley & Sons, 1996

Thomas, P.：Trees:Their natural history, Cambridge Univ.Press, 2000

Walker, A.：The reed handbook of common New Zealand insects, Reed Books, 2000

Whitten, T. et al：The ecology of Java and Bali, Periplus Editions, 1996

植物・動物・菌類学名索引

【カ　行】

【サ　行】

【タ　行】

【ナ　行】

【マ　行】

【ヤ　行】

【ラ　行・ワ　行】

菌類和名索引

【ア　行】

【サ　行】

【タ　行】

【ナ　行】

【ハ　行】

【ラ　行・ワ　行】

動物名索引

【ア　行】

【カ　行】

【ハ　行】

【マ　行】

【ヤ　行】

【サ　行】

【タ　行】

【ナ　行】

植物名索引

著者略歴　西口親雄（にしぐち・ちかお）
1927年、大阪生まれ
1954年、東京大学農学部林学科卒業
　　　　東京大学農学部付属演習林助手
1963年、東京大学農学部林学科森林動物学教室所属
1977年、東北大学農学部付属演習林助教授
1991年、定年退職
現　在、ＮＨＫ文化センター仙台教室・泉教室講師
　　　　講座名：「森林への招待」森歩き実践
　　　　　　　　「アマチュア森林学のすすめ」室内講義

おもな著書：
　　『森林への招待』（八坂書房、1982年）
　　『森林保護から生態系保護へ』（新思索社、1989年）
　　『アマチュア森林学のすすめ』（八坂書房、1993年）
　　『木と森の山旅』（八坂書房、1994年）
　　『森林インストラクター入門　森の動物・昆虫学のすすめ』（八坂書房、1995年）
　　『ブナの森を楽しむ』（岩波新書、1996年）
　　『森のシナリオ』（八坂書房、1996年）
　　『森からの絵手紙』（八坂書房、1998年）
　　『森の命の物語』（新思索社、1999年）
　　『森と樹と蝶と』（八坂書房、2001年）
訳書：『セコイアの森』（八坂書房、1997年）

森のなんでも研究　ハンノキ物語・ＮＺ森林紀行

2002年4月25日　初版第1刷発行

著　者　西口親雄
発行者　八坂安守
印刷・製本　壮光舎印刷（株）

発行所　（株）八坂書房

〒101-0064 東京都千代田区猿楽町1-4-11
TEL 03-3293-7975　FAX 03-3293-7977
郵便振替　00150-8-33915

落丁・乱丁はお取り替えいたします。無断複製・転載を禁ず。
©2002 Chikao Nishiguchi
ISBN 4-89694-491-7

西口親雄の森の本

アマチュア森林学のすすめ
―ブナの森への招待

西口親雄著　四六　一九四二円

森林には「環境保護」と「木材生産」という二つの役割があるが、本書は話題のブナ林に焦点をあて、アマチュアの視点をくずさずに環境保護と森をいろいろな興味から論じたもの。

森林への招待

西口親雄著　四六　一七四八円

森林問題の二つの側面―環境問題と木材生産問題を解決するためには、バランスのとれた森林観をもつことが重要。森林問題を両側面から詳述した名著。

森からの絵手紙

西口親雄・伊藤正子著　A5変形　二〇〇〇円

四季折々に描き綴った美しい絵手紙に、やさしいエッセイを添えて贈る森からのメッセージ。感じたままを筆に託した絵手紙が、草花や木々との出会いの楽しさ、喜びを伝え、ブナの森・雑木林の温かさを教えてくれる。

森のシナリオ
―写真物語　森の生態系

西口親雄著　A5　二四〇〇円

森と森をすみかとする動物・昆虫と向き合うこと40余年。森を知り尽くした著者が撮り、描いた約300点のカラー写真や絵に軽妙な解説を添えた楽しい森林入門書。

森林インストラクター
―森の動物昆虫学のすすめ

西口親雄著　A5変型　二〇〇〇円

森林インストラクターを目指す人、森林で環境教育を実践する人、もっと楽しく森を歩きたい人……すべてに贈る。森の動物、昆虫の世界を知り、森林の生態系の仕組みを学ぶためのテキスト。

森と樹と蝶と
―日本特産種物語

西口親雄著　四六　一九〇〇円

日本の森は素晴らしい!　日本の風土の面白さと豊かさ、優しさを語り、あらためて日本特産の貴重な樹と蝶とそれを育んだ日本の自然を再発見する。ペン画を多数収録。

表示価格は税別価格です